Das CAN-Bus Praxisbuch

Projekte mit Arduino Uno und Raspberry Pi

Prof. Dogan Ibrahim
&
Ahmet Ibrahim

elektor
design > share > earn

1. Auflage 2023

ISBN 978-3-89576-571-1 Print
ISBN 978-3-89576-572-8 eBook

Satz und Aufmachung: D-Vision, Julian van den Berg | Oss (NL)
Druck: Ipskamp Printing, Enschede (NL)

Elektor Verlag GmbH, Aachen
www.elektor.de

Inhaltsverzeichnis

Vorwort . . . 9

Kapitel 1 • Kraftfahrzeug-Bussysteme . . . 10

1.1 Übersicht . . . 10

1.2 Netzwerksysteme in Fahrzeugen . . . 12

1.2.1 LIN-Bus . . . 13

1.2.2 FlexRay . . . 13

1.2.3 MOST . . . 13

1.2.4 Byteflight . . . 14

1.2.5 Intellibus . . . 14

1.2.6 CAN-Bus . . . 14

1.2.7 Weitere Busstandards . . . 16

1.3 Vergleich der Bussysteme in Fahrzeugen . . . 16

1.4 Grundstruktur eines CAN-Bus in Fahrzeugen . . . 19

1.5 Vorteile des CAN-Busses . . . 22

1.6 Nachteile des CAN-Busses . . . 23

1.7 Haupteigenschaften des CAN-Busses . . . 23

1.8 CANopen . . . 23

Kapitel 2 • Physische Schichtstruktur von CAN . . . 25

2.1 Übersicht . . . 25

2.2 Abschluss des des CAN-Busses . . . 25

2.3 Datenübertragungsrate auf dem CAN-Bus . . . 28

2.4 Länge von Stichleitungen . . . 29

2.5 CAN-Bus Knote . . . 29

2.6 CAN-Bus Signalpegel . . . 30

2.6.1 Spannungspegel CAN_H . . . 31

2.6.2 Spannungspegel CAN_L . . . 31

2.6.3 Kurvenform des CAN-Signals . . . 31

2.6.4 Bus-Arbitrierung . . . 32

2.6.5 Bus-Transceiver . . . 32

2.7 CAN-Stecker . . . 33

2.8 CAN-Repeater 36

2.9 CAN zu PC-Schnittstelle 36

Kapitel 3 • CAN-Bus Frames 37

3.1 Data Frame 39

3.1.1 Start of Frame (SOF) 40

3.1.2 Arbitrierungsfeld 40

3.1.3 RTR-Feld 42

3.1.4 Kontrollfeld 42

3.1.5 Datenfeld 43

3.1.6 CRC-Feld 43

3.1.7 ACK-Feld 43

3.1.8 End-Of Frame-Feld 44

3.2 Remote Frame 44

3.3 Error Frame 45

3.4 Overload Frame 47

3.5 Erweiterte CAN-Frames 48

Kapitel 4 • Datenaustausch auf dem CAN-Bus 50

4.1 Übersicht 50

4.2 Datenaustausch mit Data Frames 50

4.3 Remote Frames auf dem Bus 53

Kapitel 5 • CAN-Bus Schnittstellenmodul 55

5.1 Übersicht 55

5.2 MCP2515 Schnittstellenmodul für den CAN-Bus 55

5.2.1 Das MCP2515 CAN-Controller-Chip 57

5.2.2 Das TJA1050 CAN-Transceiverchip 60

Kapitel 6 • CAN-Bus Projekte mit Arduino Uno 61

6.1 Übersicht 61

6.2 CAN-Bus Schnittstelle Arduino Uno 61

6.3 Projekt 1: Einfache CAN-Bus Kommunikation von Arduino zu Arduino 61

6.4 Projekt 2: Drucktaste und LED 70

6.5 Projekt 3: Drucktasteund LED mit CAN-Bus Interrupts 74

6.6 Projekt 4: Temperatur-Fernalarm 77

6.7 Projekt 5: Temperatur-Abfrage 81

6.8 Projekt 6: Temperaturabfrage mit einer Drucktaste 85

6.9 Projekt 7: RGB-Darstellung mit Tasten 88

6.10 Projekt 8: Anzeige von Umgebungstemperatur und Luftfeuchte auf LCD 93

6.11 Projekt 9: CAN-Bus mit drei Knoten: Messung von Außen- und Innentemperatur 104

6.12 Verwendung von Akzeptanzmasken und -filtern 109

6.13 Projekt 10: CAN-Bus mit drei Knoten: Messung der Außen- und Innentemperatur mit Drucktasten 111

Kapitel 7 • Fehlerbedingungen auf dem CAN-Bus 120

7.1 Übersicht 120

7.2 Bitstopfen 120

7.3 CAN-Bus Fehlererkennung 121

7.3.1 Bitfehler 122

7.3.2 Bitstopffehler 122

7.3.3 CRC-Fehler 122

7.3.4 Frame-Fehler 122

7.3.5 ACK-Fehler 122

7.4 CAN-Bus Fehlerbegrenzung 123

7.5 Zusammenfassung 124

Kapitel 8 • CAN-Bus Analyzer 125

8.1 Übersicht 125

8.2 CAN-Bus Analyzer 125

8.2.1 Microchip Inc. CAN bus analyzer 125

8.2.2 CANdo 126

8.2.3 PCAN-Explorer 127

8.2.4 CAN-Bus-Tester 2 (CBT2) 128

8.2.5 BitScope Logic 129

8.2.6 LAP-C Logikanalysator 130

8.3 Projekt 11: CAN-Bus Sniffer 131

8.4 Zusammenfassung 135

Kapitel 9 • CAN-Busprojekte mit Raspberry Pi 137

9.1 Übersicht 137

9.2 Projekt 11: Einfache CAN-Bus Kommunikation zwischen Raspberry Pi und Arduino Uno 137

9.3 Projekt 12: Raspberry Pi zeigt Nachrichten vom CAN-Bus 144

9.4 Projekt 13: Steuerung der an Arduino Uno angeschlossenen LEDs. 146

9.5 Verwendung von Python für CAN-Bus Programme 149

9.6 Projekt 14: Steuerung der LEDs mit Drucktasten. 150

9.7 Projekt 15: CAN-Bus mit 3 Knoten: Steuerung der LEDs auf den Knoten Raspberry Pi und Arduino Uno 152

Anhang 158

Index 159

Vorwort

Die Struktur des Controller Area Network (Akronym: CAN) wurde ursprünglich für die Anwendung in Personenkraftwagen entwickelt. Heute stehen hochentwickelte CAN-Steuerchips von mehr als 20 Herstellern zur Verfügung, und CAN wird in unterschiedlichen Bereichen wie Medizin, Raumfahrt, Prozesssteuerung, Automatisierung usw. eingesetzt. Seit der Einführung von CAN bei der Organisation ‚CAN in Automation' (CiA) bereits im Jahre 1992 haben die Hersteller und Anwender große Anstrengungen unternommen, um die CAN-Standards und CAN-Spezifikationen weiterzuentwickeln.

In diesem Buch wird die Verwendung der Steuerplatinen Arduino Uno und Raspberry Pi 4 mit CAN-Bus Schnittstellenmodulen für die Entwicklung praktischer Projekte auf der Basis von CAN-Bus beschrieben. Beispiele von beliebten Hardware und Software Development Kits werden auf präzise und leicht verständliche Art dargestellt. Die Nutzung dieser Kits vereinfacht den Embedded Design Zyklus erheblich und erleichtert deutlich die Entwicklung, Fehlerbeseitigung und Überprüfung eines Projekts, das auf dem CAN-Bus basiert. Es werden Projekte vorgestellt, welche CAN-Bus Varianten mit 2 und 3 Knoten benutzen.

Geschrieben wurde das vorliegende Buch für Studenten, Ingenieure, Technik-Begeisterte und jeden, der mehr über den CAN-Bus und seine Anwendungen lernen möchte. Die Verfasser gehen davon aus, dass der Leser Grundkenntnisse der Elektronik besitzt. Vorteilhaft sind auch Erfahrungen mit den Programmiersprachen C und Python sowie eine gewisse Vertrautheit mit Arduino Uno und Raspberry Pi, insbesondere dann, wenn der Leser beabsichtigt, Mikrocontroller-Projekte unter Verwendung des CAN-Busses zu entwickeln. Dieses Buch soll eine nützliche Informationsquelle und ein Nachschlagewerk für jeden sein, der Antworten auf eine oder mehrere der folgenden Fragen sucht:

- Welche Bus-Systeme stehen für die Automobilindustrie zur Verfügung?
- Was sind die Grundprinzipien des CAN-Busses?
- Welche Arten von Frames (oder Datenpaketen) stehen in einem CAN-Bussystem zur Verfügung?
- Wie können Fehler in einem CAN-Bussystem erkannt werden, und wie zuverlässig ist ein CAN-Bussystem?
- Welche Arten von CAN-Bus Controllern gibt es?
- Welches sind die Funktionsprinzipien des MCD2515 CAN-Bus Controllers?
- Wie kann ich ein CAN-Bus Project mit Arduino Uno realisieren?
- Wie realisiere ich Arduino CAN-Bus Projekte?
- Wie kann ich die Daten auf dem CAN-Bus analysieren?
- Wie kann ich ein CAN-Bus Projekt mit Raspberry Pi ausführen?
- Wie realisiere ich Raspberry Pi CAN-Bus Projekte mit 2 und 3 Knoten?

Wir hoffen, dass dieses Buch für Sie hilfreich ist, Ihnen Freude macht und Sie in die Lage versetzt, Ihr nächstes CAN-Bus Projekt mit Arduino Uno und/oder Raspberry Pi mit Hilfe von CAN-Bus Schnittstellenmodulen zu realisieren.

Dogan Ibrahim und Ahmet Ibrahim,
London, 2022

Kapitel 1 • Kraftfahrzeug-Bussysteme

1.1 Übersicht

Die heutigen Fahrzeuge sind komplexe Maschinen mit mechanischen und elektronischen Bauteilen. Die Anzahl der im Kfz eingebauten elektronischen Komponenten hat in den letzten Jahren stark zugenommen. In der Folge von höheren Anforderungen an Sicherheit, Komfort und Performance kommen in modernen Fahrzeugen immer mehr elektronische Bauteile hinzu. Daraus hat sich ein zunehmender Bedarf daran ergeben, diese elektronischen Baugruppen in solcher Weise zu verbinden, dass sie zuverlässig, sicher und in Echtzeit miteinander kommunizieren können.

In der Vergangenheit waren die elektronischen Komponenten mit hunderten von Leitungen auf komplexe Weise mit den verschiedenen Teilen des Fahrzeugs verbunden. Dementsprechend war es schwer, einen elektronischen Fehler zu finden. Es gab keine Koordination zwischen den verschiedenen elektronischen Baugruppen, da jedes elektronische Element unabhängig von den anderen angesteuert wurde. Wartung und Reparatur der Fahrzeugelektronik waren extrem schwierig, da es in vielen Fällen nicht einfach war, ein fehlerhaftes Bauteil zu lokalisieren und auszutauschen.

Die Fahrgastsicherheit wurde zu einem der wichtigsten Gesichtspunkte in den heutigen Automobilen. Im letzten Jahrzehnt sind Sicherheitseinrichtungen in den Vordergrund getreten und haben sich von physischen zu elektronisch unterstützten Sicherheitssystemen gewandelt. Das reicht von der Bremstechnik über den Kollisionsschutz und Airbags bis zu den sicherheitsrelevanten Fahrerassistenzsystemen der neuesten Generation. Die modernsten Fahrzeuge sind heute intelligente und innovative Maschinen, die mit einer Vielzahl von Sensoren bestückt sind, über die die Umgebung erfasst wird und die dem Fahrer wichtige sicherheitsrelevante Informationen liefern. Diese Sensoren bilden zusammen mit Stellgliedern, Displays und schnellen digitalen Prozessoren wie den spezialisierten high-speed Mikrocontrollern ein intelligentes lokales Netzwerk.

Abbildung 1.1 zeigt ein traditionelles Elektroniksystem eines älteren Fahrzeugs, bei dem Sensoren und Stellglieder auf komplexe Weise miteinander verdrahtet sind. Eines der Hauptprobleme dieser Konzeption liegt in der Wartung. Die Verkabelung war so komplex, dass es nahezu unmöglich war, Störungen aufzufinden und zu korrigieren.

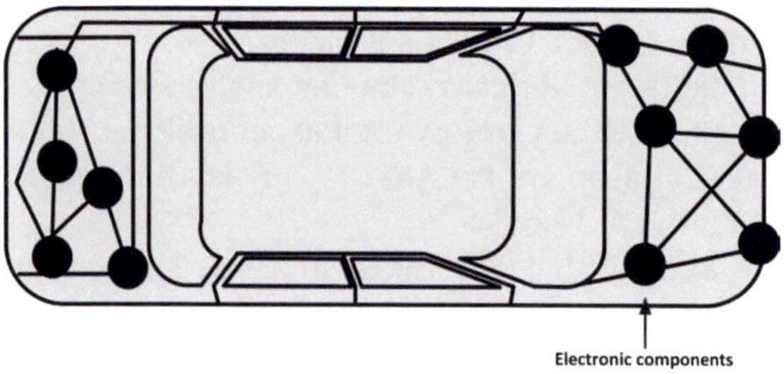

Abbildung 1.1: Traditionelle Fahrzeugelektronik älteren Typs

Mit zunehmender Komplexität der im Fahrzeug eingebauten Elektronik wurde es für die Fahrzeughersteller immer schwieriger, mit den hergebrachten Methoden sichere und zuverlässige Elektroniksysteme zu fertigen. Die heutigen Anforderungen können mit einer simplen elektronischen Steuereinheit nicht mehr erfüllt werden. Die Lösung besteht darin, die verschiedenen elektronischen Module mit einem hocheffizienten Netzwerk zu verzahnen. Deshalb wurde es notwendig, ein Elektroniksystem auf Netzwerkbasis zu konzipieren, in dem elektronische Module leicht in das Netzwerk eingegliedert und dann von einer zentralen intelligenten Steuereinheit (z.B. einer Engine Control Unit) angesteuert werden können. Das Ergebnis ist ein „intelligentes" Auto, bei dem viele verschiedene Messfühler und Stellglieder genutzt werden, um das Umfeld zu erfassen und multiple Funktionen auszuführen. Beispielhaft dafür ist das automatische Einschalten der Scheinwerfer, wenn es dunkel wird oder das Auto in einen Tunnel einfährt. Als weiteres Beispiel sei die automatische Aktivierung der Scheibenwischer bei einsetzendem Regen genannt.

Einer der Vorteile eines netzwerkbasierten Elektroniksystems in Fahrzeugen liegt darin, dass es relativ einfach ist, ein defektes Modul zu erkennen und aufzufinden. Drüber hinaus ist die Verkabelung wesentlich einfacher und deshalb leichter in Stand zu halten. Zum Beispiel kann man bei der Kommunikation mit der zentralen intelligenten Steuereinheit feststellen, ob die Gesamtelektronik in Ordnung ist und gegebenenfalls ein fehlerhaftes Modul leicht ermitteln. Ein Netzwerksystem erlaubt auch den einzelnen Modulen im BUS untereinander zu kommunizieren und bei Bedarf Informationen auszutauschen. Beispielsweise kann der intelligente Controller die Motortemperatur vom Temperaturfühler-Modul erhalten, die dann auf einem elektronischen Dashboard angezeigt werden kann. Sollte die Temperatur zu hoch sein, werden entsprechende Meldungen an die betreffenden Motorkomponenten geschickt, so dass notwendige Korrekturmaßnahmen eingeleitet werden können. Abbildung 1.2 zeigt ein modernes Fahrzeug, bei dem ein elektronisches Netzwerksystem für die Verbindung und Steuerung der Elektronikbaugruppen eingesetzt wird.

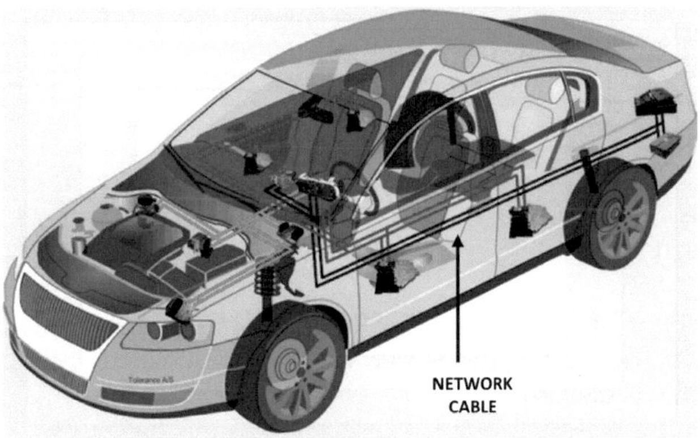

Abbildung 1.2: Modernes Fahrzeug mit elektronischem Netzwerk

Dieses Kapitel gibt eine Übersicht über die wichtigsten in heutigen Fahrzeugen verwendeten Netzwerksysteme. Darüber hinaus enthält es eine Tabelle, in der die Vor- und Nachteile der einzelnen Systeme gegenübergestellt werden.

1.2 Netzwerksysteme in Fahrzeugen

Die in Fahrzeugen verwendeten Netzwerke wurden 1994 von dem Verband der Automobilingenieure SAE (Society of Automotive Engineers) klassifiziert. Entsprechend dieser Klassifikation wurden die Bussysteme anhand ihrer Bandbreite (Datenrate) und Netzwerkfunktionen eingeteilt. Die Klassifikation unterscheidet 4 Kategorien: Klasse A, Klasse B, Klasse C und Klasse D.

Netzwerke der Klasse A sind langsame und kostengünstige Netzwerke mit Datenübertragungsraten von weniger als 10 kbit/s (oder kbps). Sie werden hauptsächlich in Fahrzeugkarosserien eingesetzt.

Netzwerke der Klasse B arbeiten zwischen 10 und 125 kbit/s und werden benutzt für den Informationsaustausch z.B. mit Kombi-Instrumenten für Fahrzeuggeschwindigkeit usw.).

Netzwerke der Klasse C arbeiten zwischen 125 kbit/s und 1 Mbit/s und werden in einem breiten Anwendungsbereich wie der Motorsteuerung eingesetzt.

Netzwerke der Klasse D arbeiten oberhalb von 1 Mbit/s und werden hauptsächlich für Telematikfunktionen verwendet.

Es gibt viele Automobil-Netzwerksysteme (oder Bussysteme, da Fahrzeugnetzwerke in der Form von Busleitungen ausgeführt sind), die entweder von den Fahrzeugherstellern selbst oder in Zusammenarbeit mit Halbleiterfirmen entwickelt wurden. Zu den verbreitetsten Automobil-Netzwerksystemen gehören:

- CAN-Bus
- LIN-Bus
- FlexRay
- MOST
- Byteflight
- DSI-Bus
- Intellibus
- SAE J1850
- BST-Bus
- NML-Bus
- und andere

In diesem Abschnitt werden wir kurz die Details der unten aufgelisteten und am häufigsten benutzten Automobil-Netzwerksysteme betrachten. Wir konzentrieren uns dabei auf den CAN-Bus, der ja Thema dieses Buches ist.

- LIN-Bus
- FlexRay
- MOST
- Byteflight
- Intellibus
- CAN-Bus

1.2.1 LIN-Bus

Der LIN-Bus (Local Interconnect Bus) ist ein preiswerter Bus, der mit 20 kbit/s arbeitet und der entwickelt wurde, um in der Fahrzeugkommunikation einen Standard im kostensparenden unteren Segment zu schaffen. LIN gehört zu den Low-End-Netzwerksystemen im Automobil-Bereich und sie sind kostengünstig. Dieser Bus wird vorwiegend für weniger wichtige Karosserie- oder Komfortfunktionen eingesetzt. Bei LIN handelt es sich um ein 1-Wire-Bussystem mit ‚Single-Master/Multiple-Slave' Funktion, wobei die Fahrzeugkarosserie als Rückleitung benutzt wird. Bei einer typischen Anwendung sendet der Master zur Abfrage von Daten eine Nachricht mit einem Header aus, und der Slave mit dem korrekten Nachrichten-Header sendet die angeforderten Daten zusammen mit einer Prüfsumme für die Fehlerprüfung zurück. Zu den typischen Anwendungen des LIN-Bus gehören die Steuerung kleiner Motoren für Scheibenwischer, Schiebedach, Heizregler, Regensensoren, Lenkrad, Sitze, Türen usw., bei denen keine hohe Bandbreite erforderlich ist. Der LIN-Bus wird dort eingesetzt, wo die Verwendung eines CAN-Bus zu teuer wäre. Die ursprünglichen LIN-Spezifikationen wurden von einem Konsortium festgelegt, das aus BMW, Audi, Volvo, VW, Motorola, Volcano und DaimlerChrysler bestand. Der LIN-Bus basiert auf dem Serial Communication Interface (UART) mit 8-Bit Daten.

1.2.2 FlexRay

Mit zunehmenden Forderungen nach mehr Sicherheit, verbesserter Performance und höherem Komfort entsteht auch der Wunsch nach komplexeren und weiterentwickelten elektronischen Fahrzeugnetzwerken. FlexRay wurde 1999 ursprünglich von BMW und DaimlerChrysler als schnelles, effizientes und fehlerfreies Fahrzeug-Bussystem entwickelt. Da es Bandbreiten bis zu 10 Mbit/s erlaubt, ist FlexRay für sehr schnelle Funktionen in Echtzeit gut geeignet. Es können sowohl elektrische als auch optische Übertragungsmedien benutzt werden. FlexRay unterstützt Einkanal- und Zweikanal-Konfigurationen, wobei zwei Kanäle eine höhere Fehlertoleranz und größere Bandbreite bieten. FlexRay wird als nächste Stufe nach LIN und CAN betrachtet und für sicherheitsrelevante Anwendungen und zur schnellen Motorsteuerung in Echtzeit eingesetzt. Zu den Anwendungsgebieten von FlexRay gehören u.a. Motorsteuerung, ABS, Getriebesteuerung, Bremskraftregelung und Fahrwerksteuerung.

1.2.3 MOST

Der MOST-Bus (Media Oriented Systems Transport) wird in Automobilen hauptsächlich für Telemetrie- und Multimedia-Anwendungen wie Audio, Video, Navigation, Kommunikation und dergleichen eingesetzt. In modernen Fahrzeugsystemen befinden sich Multimediageräte wie DVD/CD-Spieler, Fernsehgeräte, Navigationssysteme, Graphikdisplays und mobile Rechner, die sehr hohe Datenübertragungsraten verlangen. Erreicht wird dies mit dem MOST-Netzwerk, das ursprünglich 1998 von BMW und DaimlerChrysler entwickelt wurde.

MOST unterstützt maximal 64 Geräte auf dem Bus mit sehr hoher Bandbreite. Typische Datenübertragungsraten sind 28,8 Mbit/s synchron und 14,4 Mbit/s asynchron. In der Entwicklung befinden sich z.Z. Systeme mit bis zu 50 Mbit/s und sogar 150 Mbit/s. Ein optisches Medium wird für die Datenübertragung benutzt, das frei von elektromagnetischer Strahlung und Interferenzen ist.

1.2.4 Byteflight

Byteflight wurde von BMW entwickelt und bietet eine Bandbreite von 10 Mbit/s. Hauptsächlich eingesetzt wird es in sicherheitsrelevanten Netzwerken in der Automobil- und Luftfahrtindustrie (z.B. bei Fahrzeug-Airbags, Karosserieelektronik usw.). Um hohe Sicherheit zu gewährleisten, muss das Datenprotokoll fehlertolerant und deterministisch sein. Vor Byteflight war die Datenübertragung entweder ereignisgesteuert oder zeitgesteuert. Ereignisgesteuerte Systeme (z.B. CAN) übertragen Daten nur, wenn die Daten bereitstehen oder wenn eine Datenabfrage erfolgt. Zeitgesteuerte Datenprotokolle räumen jedem Knoten ein Zeitfenster entsprechend einer zuvor festgelegten Sequenz ein. Die Zahl der zu übertragenden Nachrichten kann während des Betriebs im Allgemeinen nicht verändert werden, da die Anzahl der zugeordneten Zeitfenster feststeht. Das Byteflight Protokoll kombiniert sowohl ereignisgesteuerte als auch zeitgesteuerte Protokolle, und es garantiert deterministische Latenzzeiten für eine spezifische Anzahl von Nachrichten hoher Priorität, und die flexible Nutzung von Bandbreiten für Nachrichten niedriger Priorität.

Erstmals in der Serienfertigung eingesetzt wurde Byteflight von BMW in der 7er Reihe für eine vernetzte passive Sicherheitsanwendung. Byteflight unterstützt verschiedene Netzwerkprotokolle in einem gemischten Bus-Umfeld.

1.2.5 Intellibus

Intellibus ist ein Multi-Drop Kommunikationsbus hoher Schnelligkeit, der eine Bandbreite bis zu 15 Mbit/s zulässt. Er wunde ursprünglich von Boeing konzipiert, um die komplexe Verkabelung der in Flugzeugen verteilten Systeme zu vereinfachen. Es handelt sich dabei um einen preiswerten Bus, der den Anschluss einer großen Zahl von Sensoren ermöglicht und überwiegend für die Motorsteuerung, Transmission und andere Komponenten, die eine hohe Geschwindigkeit verlangen, eingesetzt wird. Ein Intellibus-Netzwerk besteht typischerweise aus einem Network Interface Controller (NIC) und 1 bis 255 Intellibus Interface-Modulen (IBIM), die mit Sensoren verbunden werden können. Der NIC kann an einen PC oder ein anderes elektronisches Gerät angeschlossen werden. Normalerweise wir der NIC mit Software heruntergeladen, um Daten von verschiedenen IBIMs in planmäßiger Weise in spezifischen Intervallen zu erfassen. In einem komplexen Netzwerk können zwei oder mehrere NIC-Karten verwendet werden, um die Knotenkapazität zu erhöhen. Für die Programmierung des NIC und der IBIMs steht spezielle Software zur Verfügung. Die maximale Buslänge beträgt 30 m (bei 12,5 MBit/s und 64 Knoten). Der Intellibus wird eingesetzt in der Fahrzeugelektronik, Prozesssteuerung, Automatisierung, Luftfahrt, Medizintechnik und mehreren weiteren Gebieten.

1.2.6 CAN-Bus

Der CAN-Bus (Controller Area Network) ist das Hauptthema in diesem Buch. Deshalb untersuchen wir in diesem Abschnitt die grundsätzlichen Eigenschaften des CAN-Busses. Die weiteren Kapitel des Buchs enthalten detaillierte Beschreibungen von CAN-Bus Anwendungen und von Projekten im Zusammenhang mit CAN-Bus.

CAN ist ein serieller zweiadriger Multimaster-Bus, der in den 1980ern von der Robert Bosch GmbH entwickelt wurde. Er ist heute einer der am weitesten verbreiteten Feldbusse in der

Fahrzeugindustrie. Die physikalische Schicht besteht aus einem verdrillten Leitungspaar. CAN erlaubt die zuverlässige, robuste und schnelle Kommunikation mit bis zu 1 Mbit/s (mit 40 m Buslänge). CAN 2.0A ist die originale CAN-Version mit den folgenden Feldern:

- Start-of Frame Bit
- 18 Bit Header (mit 11 Bit Nachrichten-Identifier)
- 0-8 Byte Daten
- 15 Bit Cycle Redundancy Check (CRC)
- 3 Bit Acknowledgement Slot
- 7 Bit End of Frame

Der CAN beruht auf dem CSMA/CR-Mechanismus (Carrier Sense Multiple Access/Collision Resolution), um während der Datenübertragung auf dem Bus Framekollisionen zu vermeiden. Jeder CAN-Knoten überwacht den Bus, und sobald der Knoten feststellt, dass der Bus frei ist, kann die Datenübertragung begonnen werden. Falls andere Knoten auf dem Bus zur gleichen Zeit versuchen, Daten zu übermitteln, findet eine Arbitrierung statt, und der Knoten mit der höchsten Priorität (d.h. mit dem niedrigsten Nachrichten-Identifier) erhält das OK und sendet seine eigenen Daten. Der CAN-Bus verfügt über einen einfachen Mechanismus zur Fehlererkennung und Fehlerbeseitigung. Empfangende Knoten überprüfen die Integrität der Nachrichten, indem sie die CRC-Felder durchsehen. Wird ein Fehler festgestellt, werden die anderen Knoten auf dem Bus durch eine Error Flag (Fehlerkennung) benachrichtigt. Abbildung 1.3 zeigt eine typische CAN-Bus Anwendung mit den zwei Knoten A und B. CAN ist ein Netzwerk der Klasse A/B.

Zusammenfassung der CAN-Bus Eigenschaften:

- Multimaster Bus, bei dem jeder Knoten ein Master sein kann
- Multicast-Empfang
- Geschwindigkeiten bis zu 1 Mbit/s
- Hohe Zuverlässigkeit

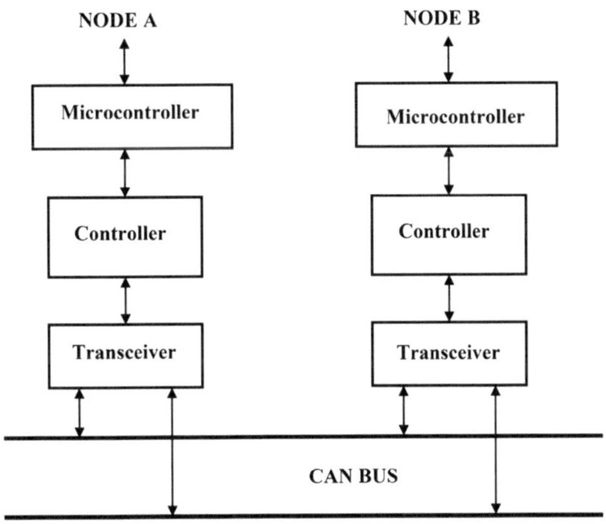

Abbildung 1.3: CAN-Bus mit zwei Knoten

1.2.7 Weitere Busstandards

Weitere Bus-standards, die in diesem Kapitel erwähnt werden sollen, sind der 1984 entwickelte SAE J1850 (oder einfach J1850), und der MI-Bus (Motorola Interconnect). J1850 fand verbreitete Anwendung in den Automobilen von GM, Chrysler und Ford, und diente der Diagnostik und dem Datenaustausch. Es gibt zwei Versionen dieses Standards: PWM (Pulse Width Modulation) mit 41,6 kbit/s und einer zweiadrigen differentiellen physikalischen Schicht und VPW (Variable Pulse Width) mit 10,4 kbit/s und einer einadrigen physikalischen Schicht. Die beiden Standards sind miteinander nicht kompatibel. Das J1850 Protokoll besitzt einen Frame-Aufbau und benutzt CSMA/CR-Arbitrierung. Ein Frame besteht aus einem Start of Frame, Header-Byte, Datenbytes, einem Byte CRC und einem End of Data Symbol (ein 200 µs Impuls). Die meisten OBD-Tools (On Board Diagnostic) unterstützen das J1850 Protokoll für diagnostische Zwecke. Der J1850 Standard ist alt und läuft aus. Bei dem J1850 Standard handelt es sich um ein Netzwerk der Klasse B.

Der MI-Bus ist ein einadriger Bus mit einem Master und mehreren Slaves. Es handelt sich um einen preiswerten Bus mit niedriger Datenrate, der hauptsächlich zum Antrieb von Sitzen, Spiegeln usw. dient. Master ist der Controller, der Adressen und Daten an alle Slaves auf dem Bus sendet. Slaves mit den passenden Adressen reagieren auf die Anforderung.

1.3 Vergleich der Bussysteme in Fahrzeugen

Heute ist der CAN-Bus, der mit Geschwindigkeiten bis zu 1 Mbit/s arbeiten kann, das am häufigsten verwendete Bussystem.

Tabelle 1 teigt eine Zusammenstellung der üblicherweise verwendeten Fahrzeugnetzwerke (oder Bussysteme). Verglichen werden darin die verschiedenen Systeme. Für jedes System werden Klasse, allgemeine Informationen, Bandbreite und typischen Anwendungen angegeben.

Allgemein wird der LIN-Bus in der Low-Speed Automatisierung angewendet wie für Scheibenwischer, Regensensoren und dergleichen. FlexRay hingegen wird für sehr leistungsfähige und sicherheitsrelevante Funktionen benutzt. Es handelt sich dabei um eine relativ neue Busstruktur, und man geht davon aus, dass sie der Automobilstandard der Zukunft sein wird. MOST findet in Fahrzeugen häufig Anwendung bei Multimedia- und Navigationstechniken. Dieser Bus benutzt optische Leitungen und ist unempfindlich für elektrische Störsignale. Byteflight ist ebenfalls ein neues Fahrzeug-Netzwerksystem und gut geeignet für leistungsfähige, sehr schnelle und sicherheitsrelevante Anwendungen wie die Steuerung von Airbags. Byteflight benutzt Glasfaseroptik und ist damit unempfindlicher gegenüber elektromagnetischer Strahlung und elektrischem Rauschen. Intellibus schließlich bietet eine hohe Bandbreite und wird vorwiegend in der Luftfahrt angewendet.

	Klasse	Allgemeines	Bandbreite	Anwendung
CAN	A, B	verdrilltes Leitungspaar geringe Kosten breite Anwendung mehrfache Master	1 Mbit/s	- Karosserie - Motor
LIN	A	Geringe Kosten niedrige Geschwindigkeit Master/Slave einadrig	10 kbit/s	- Karosserie - Komfort
FlexRay	D	sehr hohe Geschwindigkeit zukünftiger Standard Master/Slave (für Synchronisierung)	10 Mbit/s	- Motor - Sicherheit
MOST	D	Dateneffizienz Standard für Multimedia Master/Slave (für Synchronisierung) Glasfaseroptik	25 Mbit/s	Multimedia
Byteflight	D	hohe Geschwindigkeit Master/Slave Glasfaseroptik	10 Mbit/s	Sicherheitsrelevanz
Intellibus	D	hohe Geschwindigkeit	15 Mbit/s	- Karosserie - Motor - Sicherheit

Tabelle 1.1: Fahrzeug-Bussysteme

Die Abbildungen 1.4 und 1.5 zeigen Beispiele von Personenkraftwagen, in denen mehrere Bussysteme verwendet werden (Quelle: *Introduction to CAN – Application Note REJ05B0804-0100/Rev. 1.00*).In Abbildung 1.4 ist der CAN-Bus links in der Abbildung zusehen. Er ist verbunden mit Instrumenten, Klimaregelung, Beleuchtung, Lenkrad, Antriebssystem und Verriegelung. Der MOST-Bus ist im linken unteren Teil der Abbildung zu sehen. Er verbindet Multimediageräte wie Lautsprecher, Digitalradio, Fahrzeugcomputer und Navigationsgerät. In dieser speziellen Konfiguration ist FlexRay unten rechts in der Abbildung zu sehen, verbunden mit Motor, Lenksystem und Bremsen. Ein Diagnosegerät, das rechts unten im Bild an den CAN-Bus angeschlossen ist, dient der Überprüfung des Fahrzeugzustands.

In Abbildung 1.5 werden Scheinwerfer, Klimaanlage, Scheibenwischer, Türen und Fenster über den LIN-Bus gesteuert, während ein Flexbus die Bremsen versorgt. Die meisten anderen Einrichtungen des Fahrzeugs werden über den CAN-Bus gesteuert.

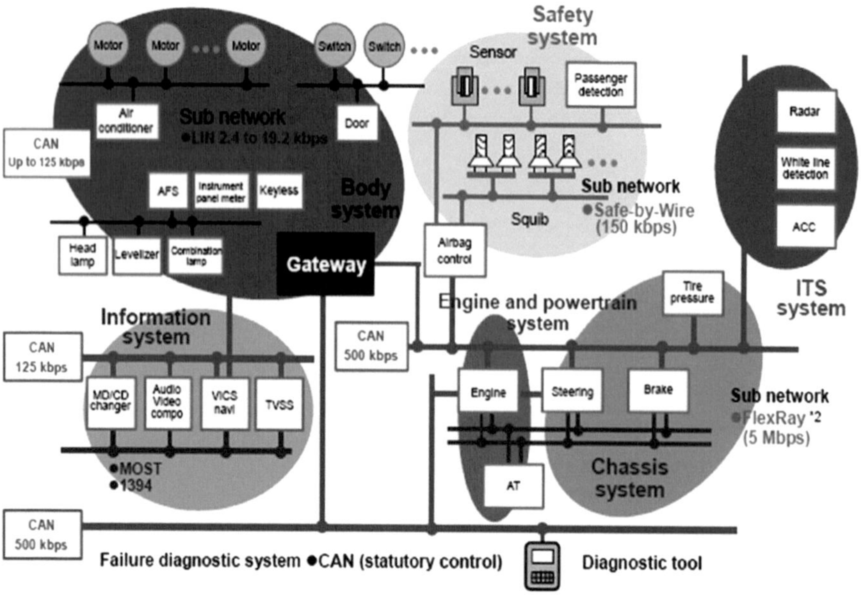

Abbildung 1.4: Ein typischer PKW mit mehreren Bussystemen

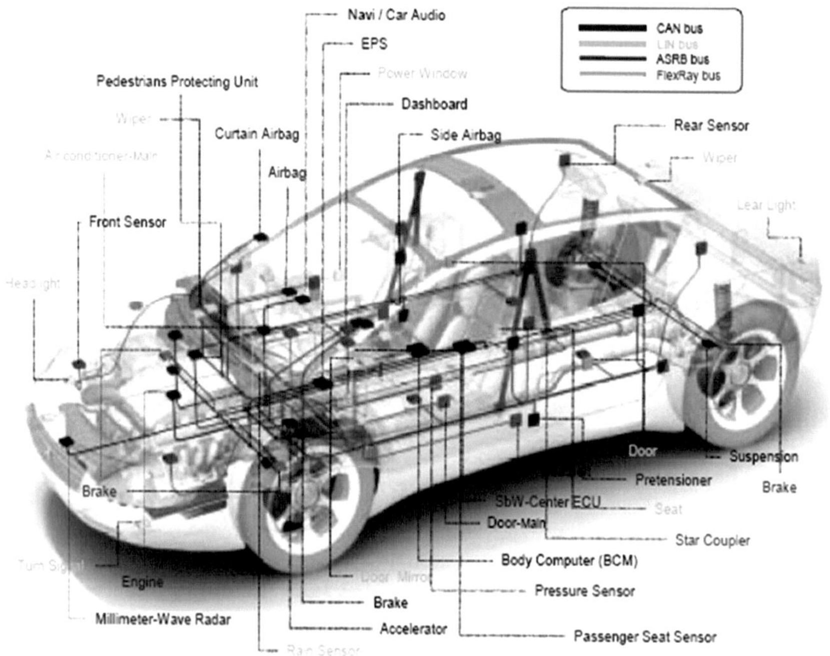

Abbildung 1.5: Ein weiterer PKW mit mehreren Bussystemen

Heute werden Geräte/Vorrichtungen mit CAN-Schnittstellen von mehr als 20 Halbleiterfirmen hergestellt. Fast alle in Europa und Fernost hergestellten neuen Personenwagen sind mit mindestens einem CAN-Netzwerk ausgestattet. CAN ist eines der dominantesten Bus-Protokolle, die in PKWs Verwendung finden. Seit dem Jahr 2000 hat sich der Einsatz von CAN-Bus in Fahrzeugen erheblich erhöht und stieg von etwa 120 Millionen CAN-Systemen auf ca. 800 Millionen im Jahr 2007. Derzeit dürfte die Zahl bei mehreren 10 Milliarden liegen.

CAN-Protokolle und höherwertige Protokolle auf CAN-Basis wie CANopen und DeviceNet werden von nordamerikanischen Herstellern in immer höherem Maße angenommen, und es ist zu erwarten, dass diese Protokolle eine hohe Durchdringung der meisten Märkte der industriellen und kommerziellen Automatisierung haben werden. Insbesondere wird CAN in den nächsten 5 bis 10 Jahren in folgenden Bereichen verwendet werden:

- Personenkraftwagen
- Busse
- Züge
- Schiffselektronik
- Flugzeugelektronik
- Werksautomatisierung
- Aufzüge
- Medizintechnik
- Programmierbare Maschinensteuerungen
- Unterhaltungselektronik
- Haushaltsgeräte
- Militärtechnik
- Raumfahrttechnik

Eine wichtige und interessante Anwendung des CAN-Busses wird mit hoher Wahrscheinlichkeit in der Medizintechnik liegen. Medizinische Geräte z.B. für Röntgenaufnahmen, Ultraschallbilder, Strahlentherapie, CAT-Scans, Magnetresonanz und dergleichen könnten so entwickelt und gebaut werden, dass sie den CAN-Bus für ihre interne Kommunikationsstruktur verwenden. Dieser Ansatz wird die Konstruktion der Geräte vereinfachen und auch ihre Sicherheit und Zuverlässigkeit erhöhen und gleichzeitig ihre Wartung erleichtern.

1.4 Grundstruktur eines CAN-Bus in Fahrzeugen

Bevor wir uns den Details und der Theorie des CAN-Protokolls und der Elektronik widmen, lohnt sich ein Blick auf die Grundstruktur eines auf dem CAN-Bus beruhenden Systems in Fahrzeugen.

Mit der Entwicklung des CAN-Bussystems gingen erhebliche Vorteile in Bezug auf Zuverlässigkeit und Sicherheit der Fahrzeugelektronik einher. Wie in Abbildung 1.6 dargestellt ist, sind in einem Kraftfahrzeug mit CAN-Bus alle Einheiten über ein zweiadriges Bussystem miteinander verbunden. Wie in den nachfolgenden Kapiteln noch ausführlich beschrieben wird, werden die beiden Adern des CAN-Busses mit CAN_LO und CAN_HI bezeichnet. Es besteht volle Koordination zwischen allen Einheiten. Das Motorsteuergerät ECU (Engine Control Unit) ist für die Kontrolle jeder Einheit verantwortlich und stellt den ordnungsgemäßen Betrieb aller Einheiten sicher. In Abbildung 1.6 sind im oberen Teil die zeitkritischen Baugruppen, die hohe Priorität verlangen, und im unteren Teil die die langsamen und weniger kritischen Baugruppen, die geringere Prioritäten verlangen, dargestellt.

Die komplette Verkabelung und der Fahrzeugzustand können überwacht und abgefragt werden, indem ein Diagnosegerät an den am Motor befindlichen Diagnosestecker angeschlossen wird. Das kann ein Laptop mit einer vom Fahrzeughersteller entwickelten speziellen Software sein, oder ein Diagnose-Handgerät, das direkt mit dem Motorsteuergerät kommuniziert. Mit diesen Hilfsmitteln ist es unter Mitwirkung des Motorsteuergeräts möglich, Informationen über den Zustand jeder Baugruppe des Fahrzeugs zu erhalten. Beispielweise kann das Airbag-Modul abgefragt und festgestellt werden, ob es ordnungsgemäß arbeitet.

CAN ist ein zweiadriges Bussystem (siehe Abbildung 1.7) mit einem Abschlusswiderstand an jedem Ende des Busses. Alle Einheiten (auch als Knoten oder CAN-Stationen bezeichnet) sind über CAN-Stecker (z.B. T-Stecker oder Endstecker) fest an den Bus angeschlossen.

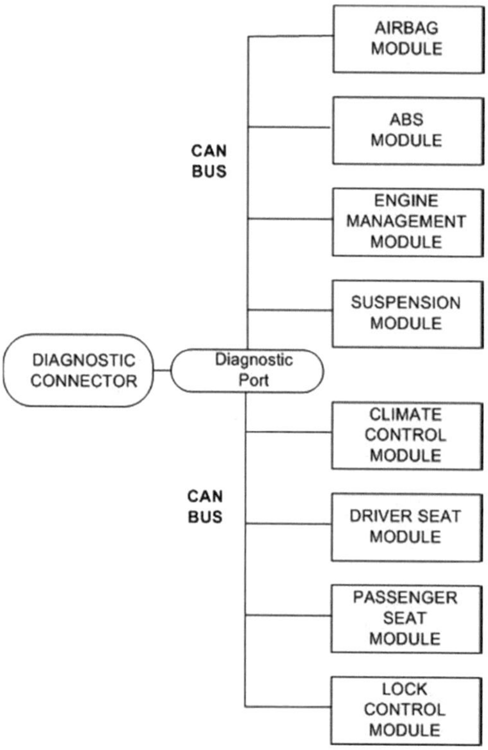

Abbildung 1.6: Fahrzeugverkabelung auf Basis von CAN-Bussystemen

Im Allgemeinen werden Informationen von verschiedenen Sensoren (z.B. Motortemperaturfühler) empfangen, die sich an unterschiedlichen Stellen im Fahrzeug befinden. Wie Abbildung 1.8 zeigt, wird die von den Sensoren kommende Information dann an einen Mikrocontroller und anschließend über einen CAN-Controller und CAN-Transceiver an den

CAN-Bus weitergeleitet. Die Funktion es CAN-Transceivers besteht darin, für die Kommunikation über den Bus eine physische Verbindung zum eigentlichen CAN-Bus herzustellen. Der CAN-Controller steht unter der Kontrolle des Mikrocontrollers und führt spezielle Funktionen des CAN-Protokolls aus.

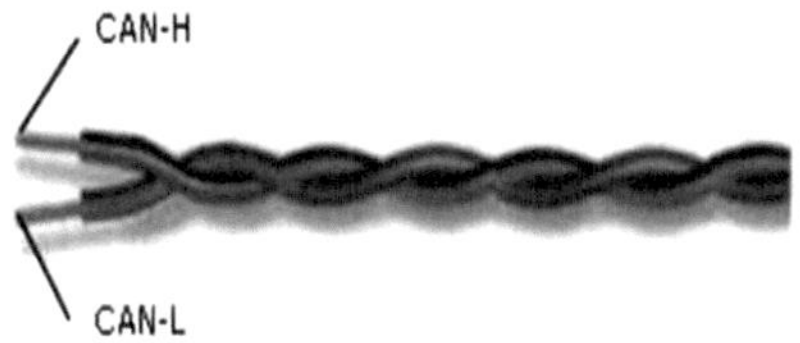

Abbildung 1.7: CAN ist ein zweiadriger Bus

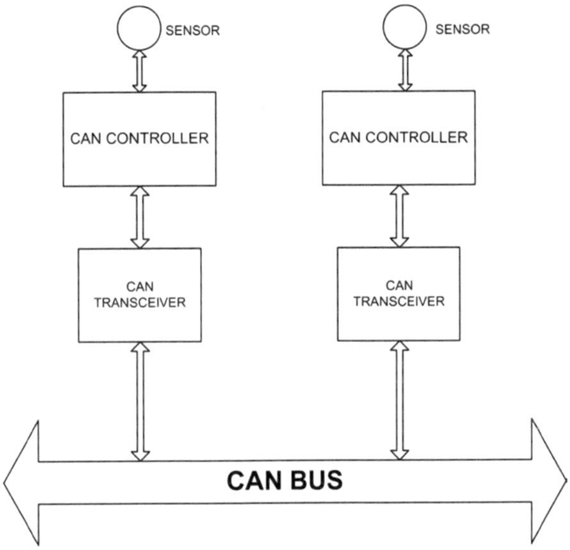

Abbildung 1.8: Sensoren auf dem CAN-Bus

In Abbildung 1.9 ist ein typisches Motorsteuergerät (ECU) dargestellt. Dieses ECU (Electric Control Unit) ist für Automotoren mit bis zu 6 Zylindern geeignet (ECU-Modell: ECU MS3 Sport, Quelle: *Bosch Motorsport, Equipment For High Performance Vehicles, Edition 2011/11*).

Abbildung 1.10 zeigt schematisch, wie das ECU (in der Bildmitte) mit anderen Teilen eines Fahrzeugs verbunden werden kann. Der Anschluss „Diagnosis" wird für das OBD-System (On-Board-Diagnosis) verwendet, wobei ein Handgerät (ein Scan-Tool) oder ein Laptop mit einem Spezialstecker angeschlossen werden kann, um den korrekten Gesamtzustand des Fahrzeugs zu überprüfen.

Abbildung 1.9: ECU MS3 Sport

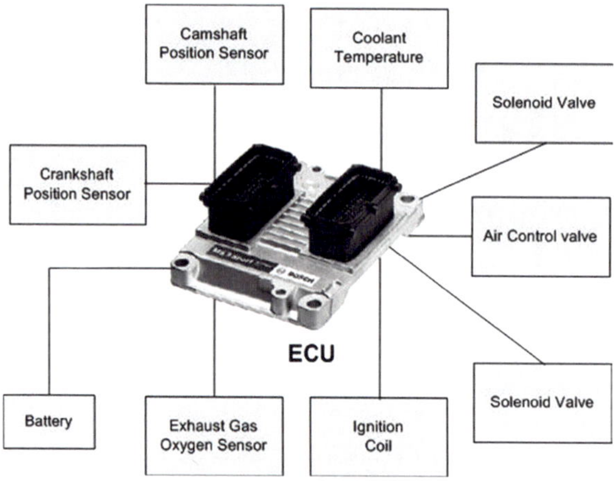

Abbildung 1.10: Die Motorsteuerung ECU und andere Fahrzeugteile

1.5 Vorteile des CAN-Busses

Die Hauptvorteile das CAN-Bus können folgendermaßen zusammengefasst werden:

- geringere Komplexität der Verkabelung
- leichtere Handhabung des verdrillten Bus-Leitungspaars
- weitere Knoten können einfach hinzugefügt oder herausgenommen werden
- Ausfall eines Knotens hat keinen Einfluss auf andere Knoten des Systems
- zentralisierte Kontrolle
- alle Einheiten auf dem Bus können dieselbe Nachricht lesen
- störungssicher gegenüber elektromagnetischer Strahlung
- effektiver Umgang mit Störungen
- vereinfachte Diagnose und Wartung

1.6 Nachteile des CAN-Busses

Einige der Nachteile des CAN-Busses sind:

- niedrige Datenrate in manchen Anwendungen (begrenzt auf 1 Mbit/s)
- teuer zu implementieren, da spezielle Controller erforderlich sind
- komplette Abschaltung des Systems, wenn die CAN-Bündelleitung (Trunk) beschädigt ist

1.7 Haupteigenschaften des CAN-Busses

Anwendung findet der CAN-Bus heute in vielen Bereichen wie Automobiltechnik, Bootsbau, Medizinelektronik, Flugzeugbau und vielen anderen. Der Grund für die weite Verbreitung des CAN-Busses ist wohl seine hohe Leistungsfähigkeit neben seiner Zuverlässigkeit, Robustheit und Sicherheit. Die Haupteigenschaften des CAN-Busses können folgendermaßen zusammengefasst werden (Einzelheiten dazu werden in den nächsten Kapiteln beschrieben):

- Bus-Kabel aus zwei verdrillten Adern
- Bus-Abschlusswiderstände an beiden Enden
- Datengeschwindigkeiten bis 1 Mbit/s (bei 40 m Länge). Höhere Übertragungsraten bei kürzerem Bus.
- Übertragung von bis zu 8 Datenbytes zu jeder Zeit
- Nachrichten werden im Rahmen eines klar und robust definierten Protokolls als Frames gesendet und empfangen
- Je nach Priorität haben mehrere Master Zugang zum Bussystem
- Jeder der Knoten kann Infos ausgeben, während andere Knoten empfangsbereit sind
- Bus-Arbitrierung, falls zwei oder mehr Knoten gleichzeitig versuchen zu senden
- Rundsendung einer Nachricht, wobei alle Knoten dieselbe Meldung empfangen können
- Keine Knotenadressen. Knoten akzeptieren oder verwerfen Nachrichten auf dem Bus anhand einer Annahmefilterung
- Datenfernabfrage, wobei ein Knoten Daten von einem anderen Knoten anfordern kann
- Fehlererkennung und Fehlermeldung
- Automatische erneute Nachrichtenübertragung, falls die Übermittlung auf Grund der Bus-Arbitrierung) fehlgeschlagen ist
- Automatische Deaktivierung von Knoten, die durchgängig Fehler aufweisen

1.8 CANopen

CANopen ist ein Kommunikationsprotokoll hoher Güte, dessen Spezifikationen auf dem früheren CAN-Protokoll basieren. CANopen wurde für die Automobilindustrie entwickelt, um die Kommunikation zwischen den Modulen verschiedener Hersteller zu vereinfachen und zu standardisieren. Obwohl ursprünglich für die Fahrzeugtechnik konzipiert, wird es in einem breiten Bereich von Einsatzgebieten verwendet.

Einige der Eigenschaften von CANopen sind:

- Bis zu 128 Knoten in einem einzigen CAN-Netzwerk
- Multimaster-Architektur
- Bus-Länge bis zu 5 km (reduzierte Bitrate bei großen Längen)
- leichter Zugriff mit hoher Leistungsfähigkeit auf alle Module
- Kombination von Geräten verschiedener Hersteller (Hersteller-Unabhängigkeit)
- Synchronisierung der Module
- Hohe Zuverlässigkeit

Obwohl CANopen Netzwerk-Management und Herstellerunabhängigkeit bietet, hat es doch den Nachteil einer verringerten Bandbreite.

Kapitel 2 • Physische Schichtstruktur von CAN

2.1 Übersicht

Die physische Schicht bildet die Hardware-Schnittstelle, welche für die Verbindung zwischen einer Anzahl von Knoten sorgt. Für die Kommunikation auf einem Bus sind mindestens zwei Knoten erforderlich.

Abbildung 2.1 zeigt einen CAN-Bus mit drei Knoten. Der Bus besteht aus einem verdrillten zweiadrigen Kabel und ist an beiden Enden mit einem Widerstand abgeschlossen, so dass der charakteristische Widerstand des Busses 120 Ω beträgt. Die beiden Leitungen des Busses werden mit CAN_H und CAN_L bezeichnet.

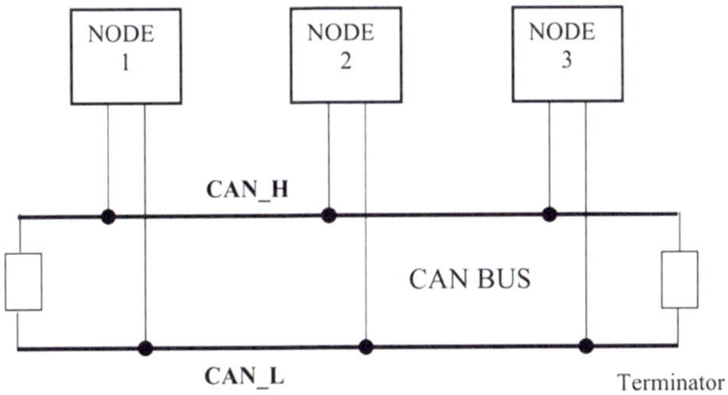

Abbildung 2.1: CAN-Bus mit drei Knoten

2.2 Abschluss des CAN-Busses

Die Terminierung mit einem Abschlusswiderstand ist erforderlich, um Signalreflexionen auf den Busleitungen minimal zu halten. Üblicherweise wird dazu an jedem Ende des Busses ein einzelner Widerstand von 120 Ω angeschlossen. Obwohl die Belastbarkeit des gewählten Widerstands keine große Rolle spielt, sollte bei der Leistungsklasse des Widerstands die mögliche Gefahr eines Kurzschlusses zur Stromversorgung bedacht werden. Allgemein werden Widerstände mit einer Belastbarkeit von 0,25 W und einer Toleranz von 5% benutzt. Doch wird ein Widerstand mit höherer Belastbarkeit (z.B. 1 W) empfohlen, um Schäden an den Bus-Leitungen durch einen möglichen Transceiver-Kurzschluss zu vermeiden.

Zwar wird für den Busabschluss meistens ein einzelner Widerstand von 120 Ω benutzt, doch kann auch eine der folgenden Methoden verwendet werden:

- Standardabschluss
- geteilter-Abschluss (split termination)
- geteilter Abschluss mit Bias

Am häufigsten wird der Standardabschluss verwendet, bei dem an jedem Ende des Busses ein 120 Ω Widerstand angeschlossen wird, wie es Abbildung 2.2 zeigt.

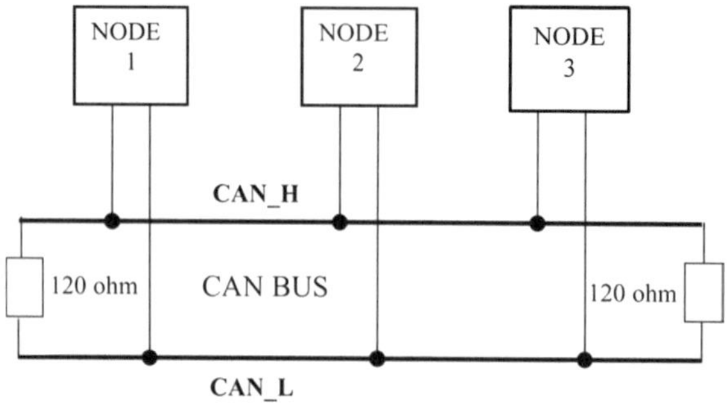

Abbildung 2.2: Standardabschluss des Busses

Abbildung 2.3 zeigt den geteilten oder Split-Abschluss, der immer populärer wird. Bei dieser Methode werden an jedem Busende zwei 60 Ω Widerstände und ein Kondensator verwendet. Der Vorteil besteht darin, dass hochfrequentes Rauschen von den Busleitungen eliminiert wird. Dabei muss darauf geachtet werden, dass die Widerstände angepasst sind, so dass die effektive Immunität auf dem Bus nicht herabgesetzt wird. Üblicherweise wird ein 4,7 nF Kondensator gewählt, der eine Reaktion mit dem 3 dB Punkt bei etwa 1,1 Mbit/s bewirkt.

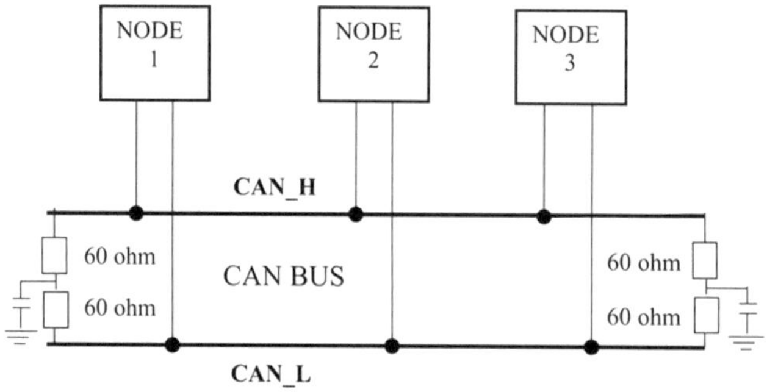

Abbildung 2.3: geteilter Busabschluss

Abbildung 2.4 stellt einen Split-Abschluss mit Bias dar, bei dem an jedem Busende ein Spannungsteiler und ein Kondensator verwendet werden. Wie beim Split-Abschluss wird durch den Split-Abschluss mit Bias die elektromagnetische Verträglichkeit EMV verbessert.

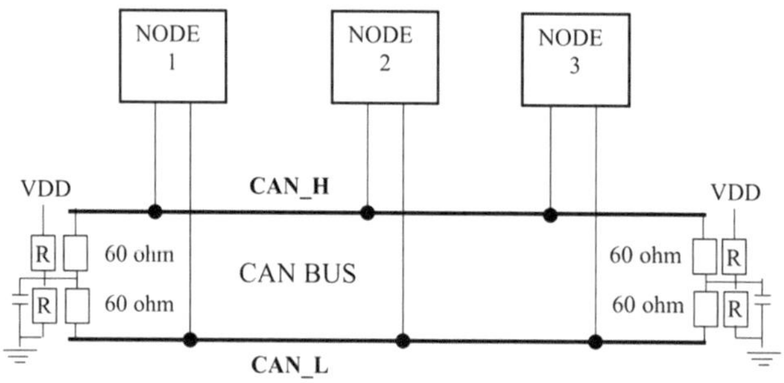

Abbildung 2.4: geteilter Busabschluss mit Bias

Es ist wichtig, darauf zu achten, dass die Abschlusswiderstände an den hintersten Enden der Leitungen angeordnet werden. In Abbildung 2.5 befindet sich einer der Widerstände an falscher Stelle.

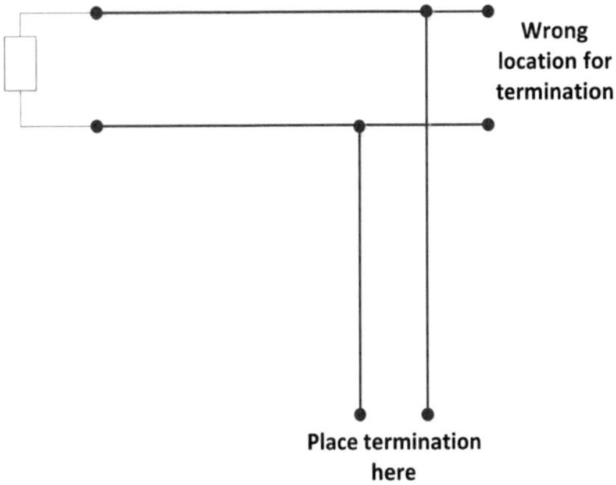

Abbildung 2.5: Falsche Anordnung eines Abschlusswiderstands

Die korrekte Terminierung eines Bussystems kann überprüft werden, indem mit einem Digital-Voltmeter der Bus-Widerstand gemessen wird. Dazu das Messinstrument auf den Ohmbereich einstellen und die beiden Messleitungen mit den Enden eines Knotens auf dem Bus verbinden (siehe Abbildung 2.6). Das Messinstrument sollte 60 Ω anzeigen.

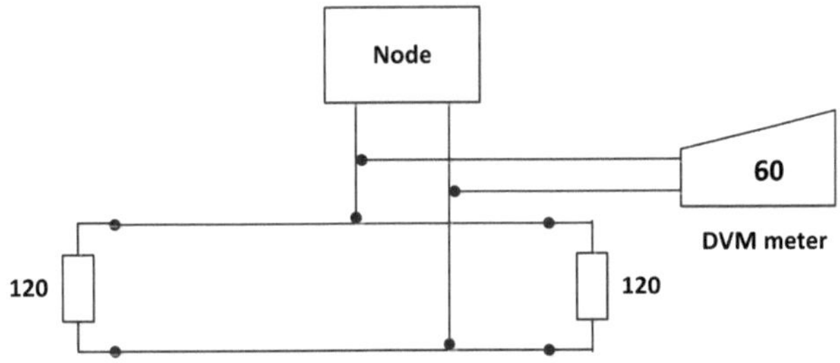

Abbildung 2.6: Überprüfung der Bus-Terminierung

Obwohl bei den meisten CAN-Bus Anwendungen Leitungen ohne Abschirmung verwendet werden, gibt es doch sehr viele raue Umgebungsbedingungen die robuste Anschlussverbindungen erfordern. In solchen Fällen können abgeschirmte Kabel verwendet werden, und es wird empfohlen, die Abschirmung der Leitung an einem Punkt, der so nahe wie möglich am Kabel liegt, mit Erde zu verbinden (siehe Abbildung 2.7). Damit wird verhindert, dass in der Abschirmung Streuströme wie bei Erdschleifen entstehen, die dann in der Abschirmung zwischen den beiden Erdungspunkten fließen.

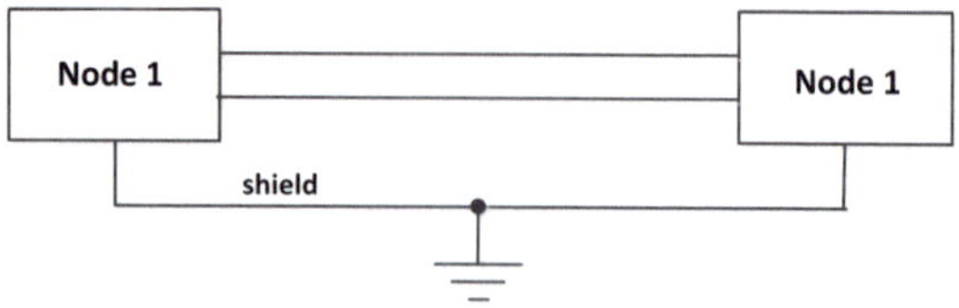

Abbildung 2.7: Korrekte Erdung des CAN-Busses

2.3 Datenübertragungsrate auf dem CAN-Bus

In ISO-11898 CAN ist festgelegt, dass ein Gerät auf dem Bus in der Lage sein muss, ein 40 m langes Kabel zu verwenden und eine Datenübertragungsrate von 1 Mbit/s zu erreichen. In der Praxis werden durch Absenkung der Datenrate viel größere Kabellängen erreicht. In Tabelle 2.1 sind Datenraten und Kabellängen sowie die nominale Bitzeit zusammengestellt. Bei 1000 kbit/s (1 µs nominale Bitzeit) beträgt die maximal zulässige Kabellänge 40 m, während bei 10 kbit/s (100 µs nominale Bitzeit) die maximal zulässige Kabellänge sich auf 6700 m erhöht.

Data rate (kbps)	Nominal bit time (µs)	Bus length (meters)
10	100	6700
20	50	3300
50	20	1300
125	8	530
250	4	270
500	2	130
1000	1	49

Tabelle 2.1 Datenrate zu nominaler Bitzeit und maximaler Buslänge

Der Zusammenhang von maximaler Datenrate und maximal zulässiger Buslänge ist in Abbildung 2.8 grafisch dargestellt.

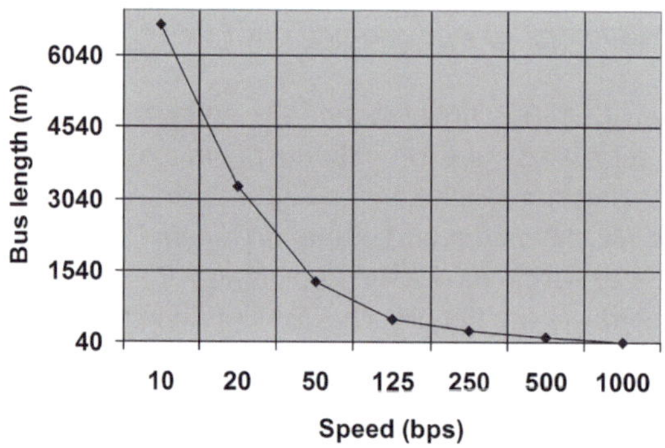

Abbildung 2.8: CAN-Bus Datenrate und maximale Buslänge

Bei langen Kabeln sollten die Busleitungen so genau wie möglich einer geraden Linie folgen, um mögliche Reflexionen minimal zu halten. Die Kabellänge kann durch Verwenden einer Bridge oder eines Repeaters vergrößert werden.

2.4 Länge von Stichleitungen

Bei Anwendungen mit hohen Datenübertragungsraten sind die Länge von Stichleitungen und die Abstände zwischen den Knoten wichtige Gesichtspunkte. Da Stichleitungen keinen Abschluss haben, können auf diesen Leitungen Reflexionen auftreten und zu Busfehlern führen. Bei maximaler Übertragungsgeschwindigkeit von 1 Mbit/s sollte die Länge von Stichleitungen (siehe Abbildung 2.9) nicht länger als 0,3 m sein, und der Knotenabstand sollte nicht mehr als 40 m betragen.

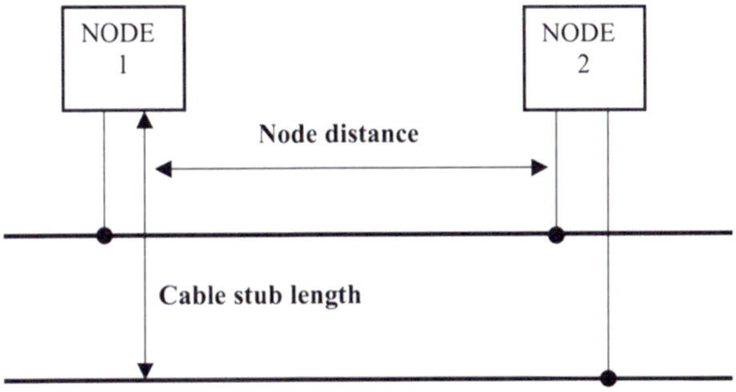

Abbildung 2.9: Stichleitungen und Knotenabstände

2.5 CAN-Bus Knote

Ein CAN-Bus Knoten besteht aus einem CAN-Controller und einem CAN-Transceiver (siehe Abbildung 2.10). Dabei ist der CAN-Controller an einen Mikrocontroller und der CAN-Transceiver an den physischen CAN-Bus angeschlossen. Manche Mikrocontroller besitzen eingebaute CAN-Controllerschaltungen (z.B. ARM), weshalb ein CAN-Knoten mit Hilfe eines externen CAN-Transceiver-Chips erzeugt werden kann. Falls der Mikrocontroller nicht über eine eigebaute CAN-Controllerschaltung verfügt, sind für die Erzeugung von CAN-Knoten externe CAN-Controller- und Transceiver-Chips erforderlich. CAN-Module sind mit eingebauten Controller- und Transceiver-Chips erhältlich. Diese Module kommunizieren mit dem Mikrocontroller üblicherweise über den SPI-Bus.

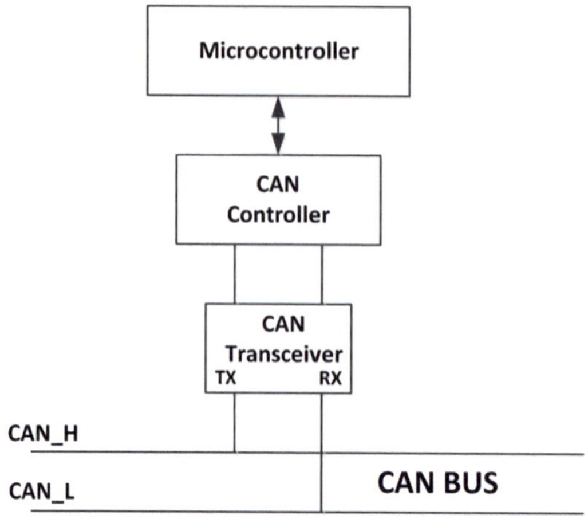

Abbildung 2.10: CAN-Bus Knoten

2.6 CAN-Bus Signalpegel

Bei den Daten auf dem CAN-Bus handelt es sich um differenzielle Signale. Der Bus hat zwei logische Zustände: dominant und rezessiv. Abbildung 2.11 zeigt die Logikzustände der Signale auf dem Bus (für weitere Details siehe ISO 11898-4).

Der rezessive Zustand ist logisch „1". Dabei beträgt die differenzielle Spannung auf dem Bus (d.h. V_{diff} = CAN_H – CAN_L) etwa 0 V (im Idealfall ist CAN_H = CAN_L = 2,5 V). In der Praxis liegt die rezessive differentielle Ausgangsspannung am Transmitter-Ausgangsgerät unter 0,05 V.

Der dominante Zustand ist logisch „0". In diesem Zustand beträgt die differentielle Spannung auf dem Bus (d.h. Vdiff = CAN_H – CAN_L) etwa 2 V (im Idealfall ist CAN_H = 3.5 V and CAN_L = 1.5 V). In der Praxis liegt die dominante differenzielle Ausgangsspannung zwischen 1,5 V und 3,0 V.

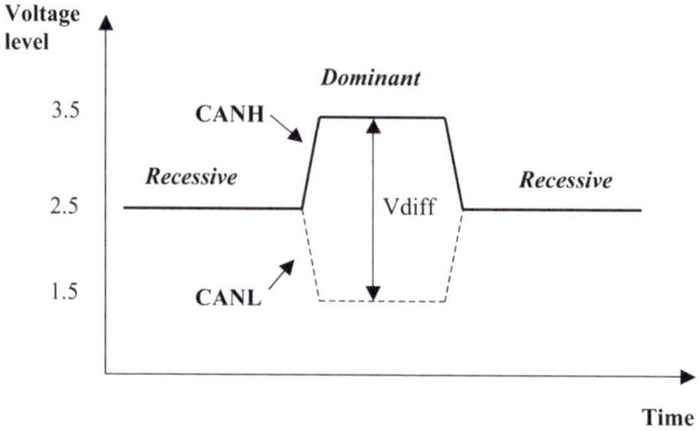

Abbildung 2.11: Signalpegel auf dem CAN-Bus

2.6.1 Spannungspegel CAN_H

Wenn auf dem Bus keine Nachricht übertragen wird (oder wenn sich der CAN-Bus im rezessiven Zustand befindet), sollte der Spannungspegel CAN_H die Hälfte von 5 V betragen. Diese Spannung kann mit einem Digitalvoltmeter gemessen werden, wenn man weiß, dass der CAN-Controller keine Nachricht sendet. Zur Messung der Spannung CAN_H ist der TX Pin vom Transceiver zu trennen und am TX Eingang eine Spannung von +5 V anzulegen, um den Transceiver in den rezessiven Zustand zu zwingen (siehe Abbildung 2.12). Dann ist eine Messleitung an den Pin CAN_H des Transceivers und die andere an den Erdungs-Pin des Transceivers anzuschließen. Die gemessene Spannung sollte nun 2,5 V betragen.

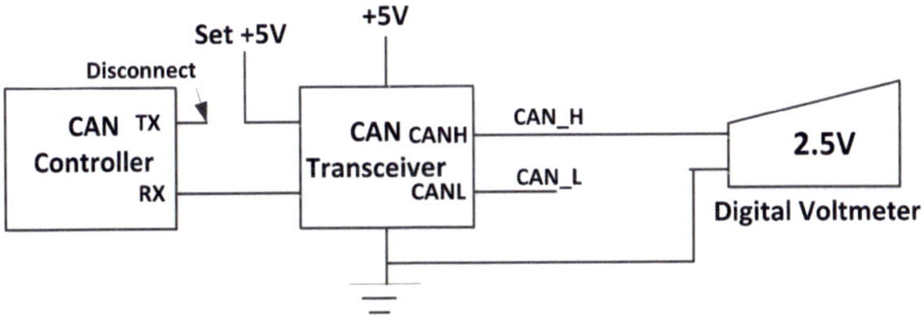

Abbildung 2.12: Messung der Spannung CAN_H

2.6.2 Spannungspegel CAN_L

Zu Zeiten, wenn keine Nachricht übertragen wird (oder wenn sich der CAN-Bus im rezessiven Zustand befindet), sollte die Spannung CAN_L die Hälfte der 5 V betragen. Auch diese Spannung kann mit einem Digitalvoltmeter gemessen werde. Doch ist hierbei das Voltmeter zwischen CAN_L und dem Erdungs-Pin anzuschließen. Die gemessene Spannung sollte etwa 2,5 V betragen.

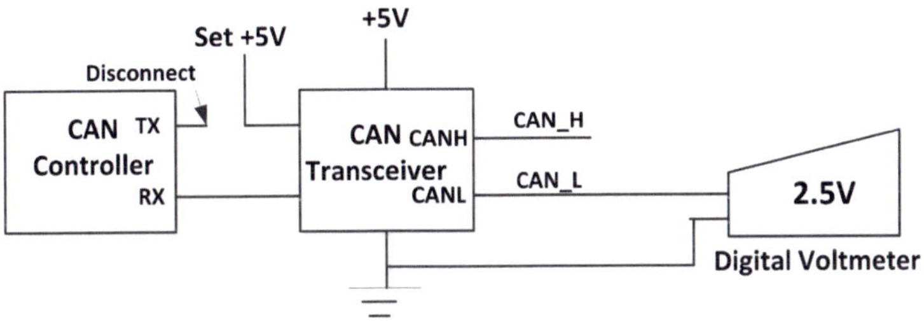

Abbildung 2.13: Messung der Spannung CAN_L

2.6.3 Kurvenform des CAN-Signals

Mit einem geeigneten Oszilloskop, das an die CAN-Busleitungen CAN_H und CAN_L angeschlossen wird, kann die Kurvenform des CAN-Signals sichtbar gemacht werden. Abbildung 2.14 zeigt einen typischen Kurvenverlauf während einer Nachrichtenübertragung auf dem Bus. Zu beachten ist, dass das dominante Bit die Spannung von 2,5 V auf 3,5 V ändert und das rezessive Bit die Spannung von 2,5 V auf 1,5 V ändert.

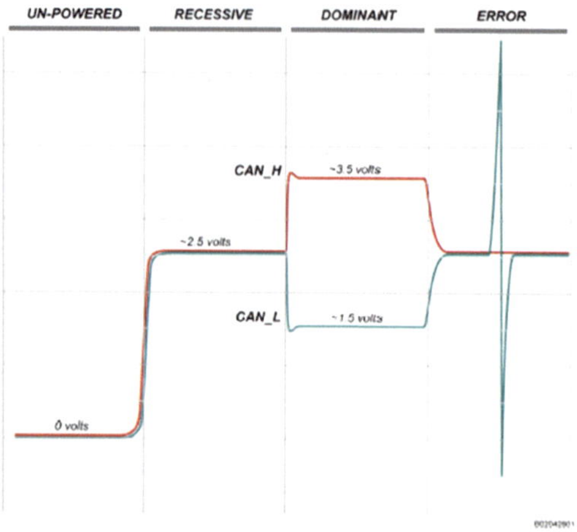

Abbildung 2.14: CAN-Signalform. Quelle: Vector Informatik GmbH)

2.6.4 Bus-Arbitrierung

Wenn mehrere Bus-Knoten gleichzeitig eine Übertragung versuchen, dient die Bus-Arbitrierlogik dazu, einem einzelnen Knoten den Zugang zu gewähren. Bei einer Arbitrierung auf dem Bus hat immer ein dominantes Bit Vorrang vor einem rezessiven Bit.

2.6.5 Bus-Transceiver

Der Ausgang eines CAN-Transceivers ist üblicherweise im Format Open-Collector (z.B. TTL-Logik) oder Open-Drain (z.B. CMOS-Logik). Wenn mehrere solcher Geräte an einen Bus angeschlossen sind, wird der Logikzustand des Busses durch das logische „UND" des Geräteausgangs definiert (auch als „Wired AND" bezeichnet). Sind beispielsweise drei Geräte an den Bus angeschlossen, nimmt der Bus dann den Logikzustand „1" an, wenn alle Ausgänge aller drei Geräte (und nur dann) den Logikzustand „1" haben. Andernfalls geht der Bus auf Logikzustand „0".

Abbildung 2.15 zeigt die Ausgangsstufe eines typischen CAN-Transceivers.(Quelle: MCP2551, Microchip Technology Inc.)

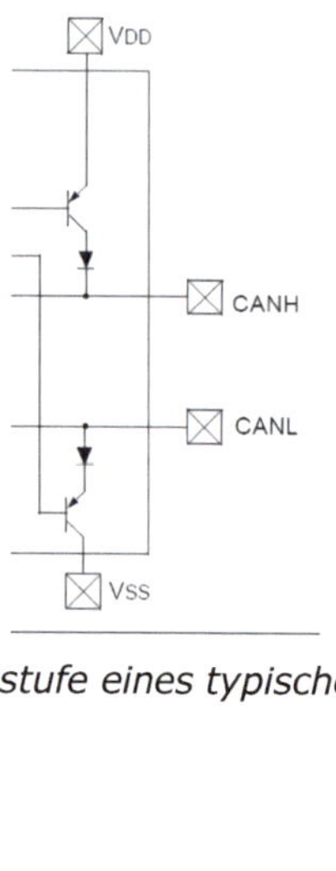

Abbildung 2.15: Ausgangsstufe eines typischen CAN-Bus Transceivers

2.7 CAN-Stecker

Obwohl CAN als zweiadriges Netzwerk gilt, werden den CAN-Standardsteckern oft noch ein Versorgungssignal und eine Erdsignal hinzugefügt. Wie bereits erwähnt, handelt es sich bei den eigentlichen Busleitungen um ein nicht abgeschirmtes verdrilltes Leitungspaar (UTP – Unshielded Twisted-Pair) oder ein abgeschirmtes verdrilltes Paar (STP – Shielded Twisted-Pair). Wenn lange Buskabel in Umgebungen mit hohem elektrischem Rauschen benötigt werden, sollten abgeschirmte Kabel verwendet werden.

Der standardmäßige CAN-Stecker ist ein 9poliger Stecker des Typs D (DE-9), wie ihn Abbildung 2.16 zeigt. Tabelle 2 zeigt die entsprechende Pin-Konfiguration. Pin 2 und Pin 7 führen die Signale CAN_L und CAN_H. Pin 3 und Pin 9 dienen als Signalerde und Signalversorgungsspannung. Diese beiden Pins können nützlich sein, wenn es notwendig ist, entfernt angeordnete Geräte zu betreiben. Dabei ist darauf zu achten, dass die zulässige Leitungskapazität des Kabels nicht überschritten wird.

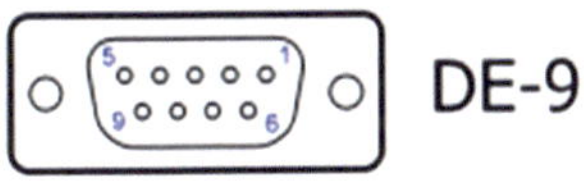

Abbildung 2.16: CAN D-Stecker

Pin-Belegung des 9poligen D-Sub CAN-Bussteckers		
Pin	Signalname	Signalbeschreibung
1	reserviert	Upgrade-Pfad
2	CAN_L	dominant Low
3	CAN_GND	Erde
4	reserviert	Upgrade-Pfad
5	CAN_SHLD	Abschirmung, optional
6	GND	Erde, optional
7	CAN_H	dominant High
8	reserviert	Upgrade-Pfad
9	CAN_V+	Stromversorgung, optional

Tabelle 2.2: CAN D-Stecker, Pin-Konfiguration

Abbildung 17 zeigt einen CAN-Stecker des Typs D mit einem kurzen CAN-Kabel und Abschlusswiderständen

Abbildung 2.17: CAN-D-Stecker mit CAN-Buskabel

Einige Firmen verwenden einen 10poligen Header, um die Geräte mit dem Bus zu verbinden. In Tabelle 2.3 ist die standardmäßige Pin-Konfiguration für diesen Steckertyp zu sehen.

Pinbelegung des CAN-Busses mit einem 10 Pin Header		
Pin	**Signalname**	**Signalbeschreibung**
1	reserviert	Upgrade-Pfad
2	GND (Erde)	Erde, optional
3	CAN_L	Dominant Low
4	CAN_H	Dominant High
5	CAN_GND	Erde
6	reserviert	Upgrade-Pfad
7	reserviert	Upgrade-Pfad
8	CAN_V+	Stromversorgung, optional
9	reserviert	Upgrade-Pfad
10	reserviert	Upgrade-Pfad

Tabelle 2.3: Pin-Konfiguration von CAN 10-Pin Header

In CAN-Bussystemen werden häufig auch die in Abbildung 2.18 dargestellten Steckertypen RJ10 und RJ45 verwendet. In Tabelle 2.4 ist die Pin-Konfiguration dieser Stecker aufgeführt.

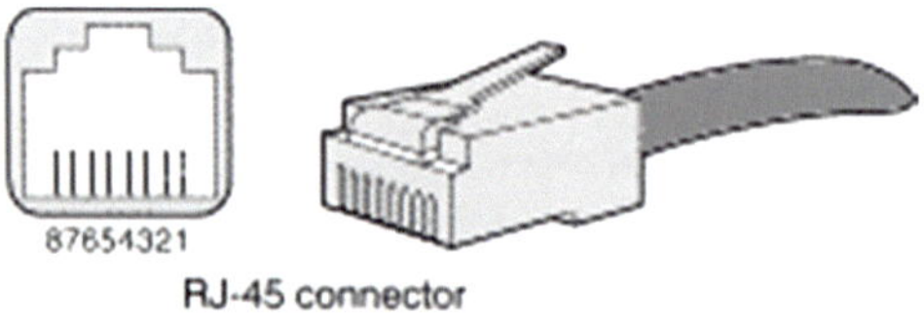

Abbildung 2.18: CAN-Stecker der Typen RJ10 und RJ45

Pinbelegung der CAN-Stecker RJ10 und RJ45			
Pin von RJ45	**Pin von RJ10**	**Signalname**	**Signalbeschreibung**
1	2	CAN_H	dominant High
2	3	CAN_L	dominant Low
3	4	CAN_GND	Erde
4	-	reserviert	Upgrade-Pfad
5	-	reserviert	Upgrade-Pfad
6	-	CAN_SHLD	CAN-Abschirmung, optional
7	-	CAN_GND	Erde
8	1	CAN_V+	Stromversorgung, optional

Tabelle 2.4: Pin-Konfiguration der Stecker RJ10 und RJ45

Manche Firmen bevorzugen die Verwendung eines 5 Pin-Rundsteckers, wie sie in Abbildung 2.19 zu sehen sind.

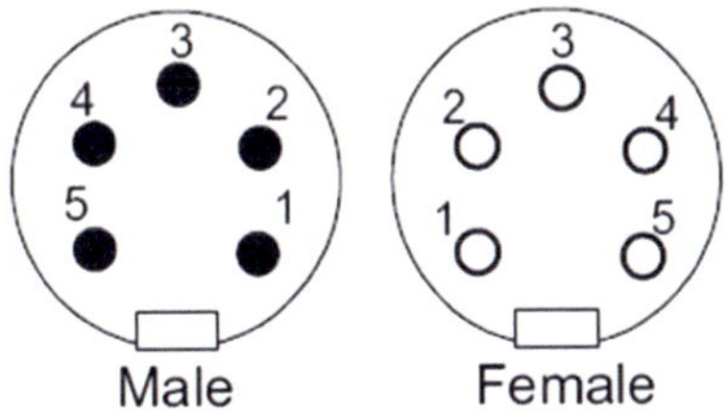

Abbildung 2.19: 5poliger Rundstecker

In Tabelle 2.5 ist die Pin-Konfiguration des 5poligen Rundsteckers angegeben.

Pin-Konfiguration des 5 Pin CAN-Bus Mikro/Mini-Steckers		
Pin	**Signalname**	**Signalbeschreibung**
1	CAN_SHLD	Abschirmung, optional
2	CAN_V+	Stromversorgung, optional
3	CAN_GND	Erde
4	CAN_H	dominant High
5	CAN_L	Dominant Low

Tabelle 2.5: Pin-Konfiguration des 5poligen Rundsteckers

Produkte wie CAN-Kabel, Stecker und Abschlusswiderstände in Profi-Qualität sind von vielen Herstellern und Händlern elektronischer Produkte erhältlich. Abbildung 2.20 zeigt das Beispiel eines kommerziell erhältlichen CAN-Netzwerks von ESD Electronic System Design GmbH (https://esd.eu/en/products/can-cable-accessories).

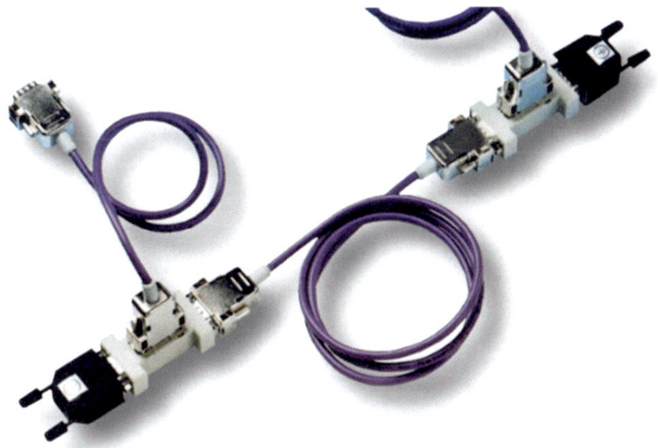

Abbildung 2.20: Kommerziell erhältliches CAN-Netzwerk

2.8 CAN-Repeater

CAN-Repeater ermöglichen die Verbindung mehrerer CAN-Netzwerke miteinander. Abbildung 2.21 zeigt einen typischen Repeater, der die folgenden Eigenschaften besitzt:

- Verknüpfung von 2 oder 3 CAN-Netzwerken
- mit oder ohne elektrische Trennung
- Bitrate bis zu 1 Mbit/s
- breiter Bereich der Versorgungsspannung (8 V bis 30 V)

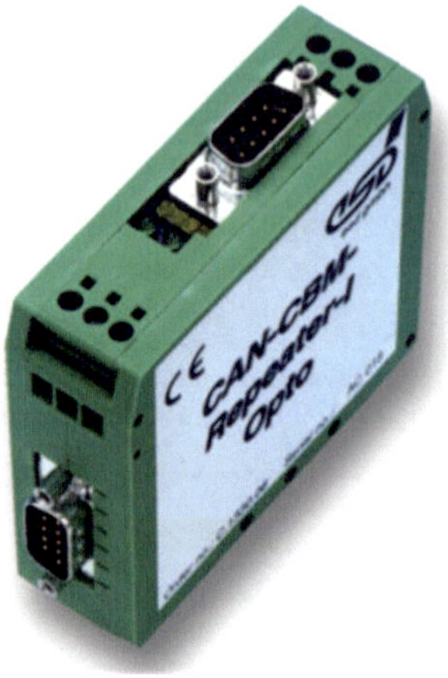

Abbildung 2.21: CAN-Repeater (https://esd.eu/en/products/can-repeater).

2.9 CAN zu PC-Schnittstelle

Manche Firmen bieten CAN-PC-Steckkarten an für PCIe-Slots am PC. Auf diesen Platinen sind CAN-Bus Controller und Transceiver enthalten, und sie ermöglichen damit die Benutzung eines PC als CAN-Bus Knoten. Einige Steckkarten enthalten bis zu vier Controller. Abbildung 2.22 zeigt ein Beispiel einer Karte (CPC-CPIe).

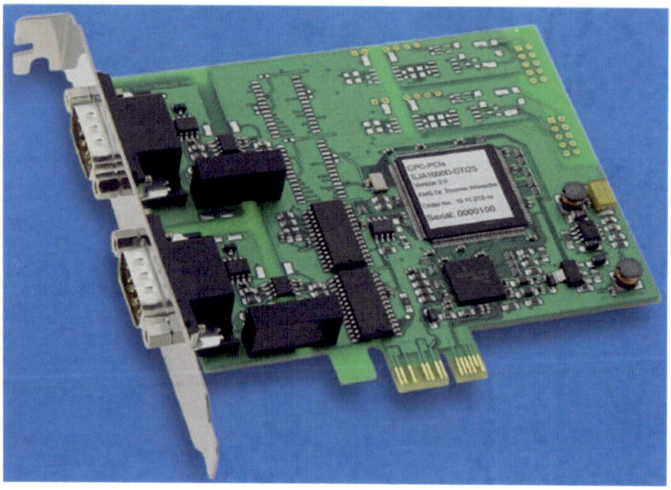

Abbildung 2.22: CPC-PCIe-Karte (https://www.ems-wuensche.com).

Kapitel 3 • CAN-Bus Frames

Nachrichten auf einem CAN-Bus werden in Form von Frames gesendet und empfangen. Ein Frame ist prinzipiell vergleichbar mit einem **Packet** (Datenpaket) in einem Netzwerk des Typs TCP/IP, wobei die eigentlichen Daten in Kontroll-/Steuerdaten eingekapselt sind.

Die Kommunikation auf dem CAN-Bus ist nicht vergleichbar mit der Kommunikation des Typs Client-Master. Beim CAN-Bus haben alle Knoten gleiche Rechte und können zu entsprechenden Zeiten Daten sowohl senden wie auch empfangen.

Einige wichtige Merkmale des CAN-Protokolls sind:

- Der CAN-Bus ist ein Multimaster-Bus. Ist der Bus frei, kann jedes am Bus angeschlossene Gerät beginnen, Daten zu senden. Versuchen dies mehrere Geräte gleichzeitig, kann auf dem Bus eine Kollision auftreten. Mit Hilfe eines Arbitrierungsverfahrens werden solche Kollisionen erkannt und beseitigt.

- Das CAN-Bus Protokoll ist flexibel. Die am Bus angeschlossenen Geräte haben keine Adresse (oder Knoten-ID). Somit werden Nachrichten nicht von einem Knoten zu einem anderen anhand einer Adresse verschickt. Stattdessen empfangen alle Knoten die über den Bus laufenden Nachrichten, und jeder Knoten entscheidet selbst, ob er die empfangene Nachricht behalten oder verwerfen soll. Eine einzelne Nachricht kann je nach Konzeption des CAN-Bus gezielt an ein bestimmtes Gerät an einem bestimmten Knoten gerichtet werden. Die Nachrichten haben eine Nachrichten-ID (**message identifier**), und die auf jedem Knoten befindlichen Akzeptanzfilter (**acceptance filters**) entscheiden, ob die über den Bus verbreitete Nachricht angenommen werden soll oder nicht. Ohne Adressen zu arbeiten hat den weiteren Vorteil, dass beim Hinzufügen oder Herausnehmen eines Geräts die Bus-Konfigurationsdaten nicht geändert werden müssen („hot plugging").

- Die über den Bus geschickten Nachrichten besitzen Prioritäten. Eine Nachricht mit niedrigerer Nachrichten-ID hat eine höhere Priorität.

- Die Kommunikationsgeschwindigkeit auf dem CAN-Bus ist nicht konstant. Für die Kommunikation mit dem am Bus angeschlossenen Gerät kann jede Geschwindigkeit bis zum zulässigen Maximum eingestellt werden.

- Der CAN-Bus bietet RTR (Remote Transmit Request), was bedeutet, dass ein Knoten auf dem Bus in der Lage ist, Daten von anderen Knoten abzurufen. Damit kann ein Daten-Request an einen Knoten geschickt werden, statt zu warten, bis der Knoten kontinuierlich Daten aussendet. Beispielsweise kann in einem Fahrzeug, bei dem die Motortemperatur ein wichtiger Parameter ist, das System so konfiguriert werden, dass der Temperaturwert regelmäßig über den Bus versendet wird. Eine elegantere Lösung besteht jedoch darin, die Temperatur nach Bedarf abzufragen, wodurch der Datenverkehr und somit die

Bus-Belastung verringert wird und die Bus-Leistungsfähigkeit bei Erhaltung der Integrität gesteigert wird.

- Alle Geräte auf dem Bus können einen Fehler erkennen. In diesem Fall benachrichtigt das Gerät, das den Fehler festgestellt hat, sofort alle anderen Geräte. Knoten, die falsche Daten ausgeben oder die ständig Daten fälschlich empfangen, nehmen sich selbst vom Netz, so dass der normale Betrieb weitergeht.

- Empfangende Knoten auf dem Bus überprüfen die Gültigkeit des empfangenen Frames und die Konsistenz. Der sendende Knoten überwacht den Bus während des Acknowledge-Slots.

- Mehrere Geräte können gleichzeitig an den Bus angeschlossen sein, und es gibt dabei keine logische Begrenzung der Anzahl. In der Praxis wird die Zahl der anzuschließenden Geräte jedoch durch die Verzögerungszeit und die Belastung des Busses begrenzt.

Es gibt vier Nachrichten-Frames beim CAN-Bus:

- **Data Frame** (Datenframe): Bestimmt die Datenübertragung zwischen Knoten.

- **Remote Frame** (Abfrageframe): Benutzt ein Knoten, um die Übertragung einer Nachricht (also Daten) von einem anderen Knoten abzurufen.

- **Error Frame** (Fehlerframe): Jeder Knoten auf dem Bus kann einen Fehlerframe versenden, um einen Fehlerzustand zu melden.

- **Overload Frame** (Überlastungsframe): Dieser Frame wird vom empfangenden Knoten benutzt, um anzuzeigen, dass er für den Empfang von Frames nicht bereit ist.

Betrachten wir nun jeden Frame etwas genauer.

Es gibt im Wesentlichen zwei Arten von CAN-Protokollen: 2.0A und 2.0B. CAN 2.0A ist der ältere Standard mit einem 11 Bit Identifier (siehe nächsten Abschnitt). CAN 2.0B ist das neue erweiterte Protokoll mit einem 29 Bit Identifier. 2.0B Controller sind vollständig rückwärts kompatibel mit 2.0A Controllern und können Nachrichten in beiden Formaten senden und empfangen.

In den nächsten Abschnitten werden wir zuerst die standardmäßigen CAN 2.0A Frames und danach die CAN 2.0B Frames betrachten.

Es gibt zwei Typen von 2.0A Controllern. Der erste Typ kann lediglich 2.0A Nachrichten senden und empfangen, während der Empfang von 2.0B Nachrichten eine Fehlermeldung auslösen. Der zweite Typ des 2.0A Controllers (als 2.0B passiv bekannt) sendet und empfängt 2.0A Nachrichten und bestätigt außerdem den Empfang von 2.0B Nachrichten, die aber ignoriert werden.

3.1 Data Frame

Der Datenframe wird von einem sendenden Gerät benutzt, um Daten an empfangende Geräte auf dem Bus zu schicken. Dieser Frame ist der für den Benutzer wichtigste Frame. Der Datenframe kann ausgesendet werden als Reaktion auf eine Anfrage oder dann, wenn es erforderlich ist, den Wert eines Parameters an andere Knoten auf dem Bus zu schicken (z.B. kann die Temperatur in regelmäßigen Abständen verschickt werden).

Abbildung 3.1 zeigt die Struktur eines Datenframes. Der Bus ist dabei normalerweise untätig. Ein üblicher Datenframe beginnt mit dem Bit *Start of Frame* (SOF), gefolgt von einem 11 Bit *Identifier* und dem Bit *Remote Transmission Request* (RTR). Das **Control**-Feld ist 6 Bit groß und zeigt an, wie viele Bytes das Datenfeld enthält. Das **Data**-Feld kann 0 bis 8 Bytes haben und enthält die eigentlich zu sendenden Daten. Dem Datenfeld folgt das 16 Bit Prüfsummen-Feld (*CRC*), mit dem festgestellt wird, ob die empfangene Bitfolge korrekt ist. Das Feld *ACK* ist 2 Bit groß und liefert dem sendenden Knoten die Bestätigung, dass der Empfänger einen gültigen Frame erhalten hat. Das Ende der Nachricht wird von einem 7 Bit Feld *End of Frame* (EOF) angezeigt. Aufeinander folgende Frames müssen von mindesten 3 Bit langen Pausen, dem sogenannten **Inter-Frame Space (ITM)** getrennt sein.

Folgende Gesamtzahl ist für den Datenframe erforderlich (wenn man von mehreren nacheinander zu sendenden Frames ausgeht):

SOF	1 Bit
Identifier	11 Bits
RTR	1 Bit
Control	6 Bits
Data	0 bis 64 Bits (0 bis 8 Bytes)
CRC	16 Bits
ACK	2 Bits
EOF	7 Bits
ITM	3 Bits

Insgesamt sind für den Data Frame 47 Bits (ohne Daten) bis 111 Bits (8 Bytes Daten) erforderlich.

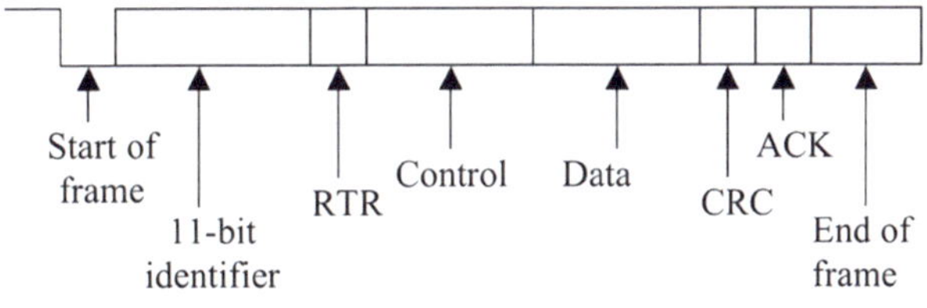

Abbildung 3.1: Standardmäßiger Data Frame

Abbildung 3.2 zeigt eine detailliertere Darstellung des Datenframes.

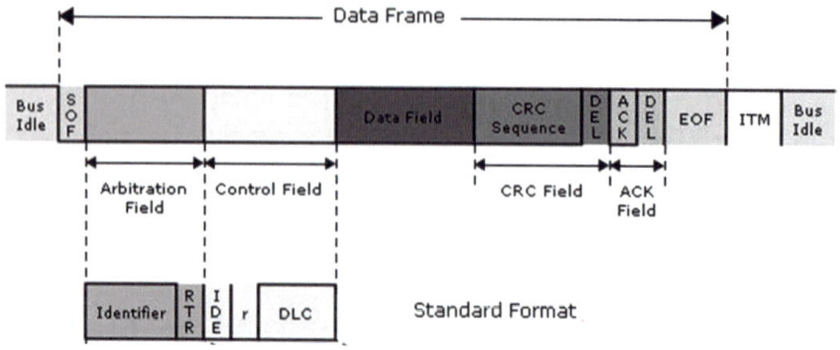

Abbildung 3.2: Detaildarstellung des standardmäßigen Datenframes

3.1.1 Start of Frame (SOF)

Das Anfangsfeld *Start of Frame* ist 1 Bit lang und zeigt den Beginn eines Datenframes an, der bei untätigem Bus gesendet wird. Im untätigen bzw. Ruhezustand ist der Bus dann, wenn er eine Sequenz von 11 Bit führt (1 Bit ACK-Trennzeichen, 7 Bit EOF (Feldende) und 3 Bit ITM). Das Anfangsfeld SOF hat dominanten Logikpegel.

Wie wir später sehen werden, startet das SOF-Feld auch die Arbitrierungssequenz auf dem Bus, nämlich dann, wenn mehrere Geräte gleichzeitig versuchen, eine Datensendung zu starten.

3.1.2 Arbitrierungsfeld

Das Arbitrierungsfeld oder Statusfeld eines normalen Datenfeldes ist 12 Bit groß und besteht aus den folgenden beiden Komponenten:

- 11 Bit Identifier
- 1 Bit RTR (Übertragungs-Fernanfrage)

Der 11 Bit Identifier (signifikantestes Bit, zuerst gesendet) dient der eindeutigen Kennzeichnung von Nachrichten auf dem Bus. Beispielsweise kann ein Temperaturfühler eine Nachricht mit einem Identifier von 20 senden, während ein Drucksensor eine Nachricht mit einem Identifier von 25 schickt. Der empfangende Knoten besitzt Akzeptanzfilter (**Acceptance Filter**), durch deren Programmierung es möglich ist, Nachrichten mit einer bestimmten Identifikationsnummer zu empfangen oder zu verwerfen. Werden z.B. die Akzeptanzfilter von zwei Knoten so programmiert, dass sie Nachrichten mit dem Identifier 20 akzeptieren, werden beide Knoten die vom oben beschriebenen Temperaturfühler kommenden Signale akzeptieren und diese Temperaturdaten verarbeiten. Mit dem 11 Bit Identifier können bis zu 2048 (2032 nutzbare) unverwechselbare Identifikationsnummern vergeben werden.

Ein Datenframe mit einem niedrigeren Identifier hat eine höhere Nachrichtenpriorität, und einer solchen Nachricht wird vom Arbitrierungssystem der Zugang zum Bus erteilt.

Die Arbitrierung dient dazu, Konflikte zu lösen, wenn z.B. mehrere Geräte gleichzeitig versuchen, eine Nachricht über den Bus zu schicken. Während der Arbitrierungsphase schickt jedes sendende Gerät seinen Identifier und vergleicht ihn mit dem auf dem Bus vorhandenen Pegel. Sind die Werte gleich, sendet das Gerät weiterhin seinen Identifier. Stellt das Gerät hingegen einen dominanten Pegel fest, hört es auf zu senden und wird zu einem empfangenden Gerät. Nach der Arbitrierung bleibt also nur noch ein Gerät auf dem Bus. Dieser Transmitter sendet nun die restlichen Frame-Bits. Der Vorgang der Arbitrierung ist in Abbildung 3.3 am Beispiel eines Busses mit drei Knoten mit folgenden Identifiers und mit RTR = 0 dargestellt:

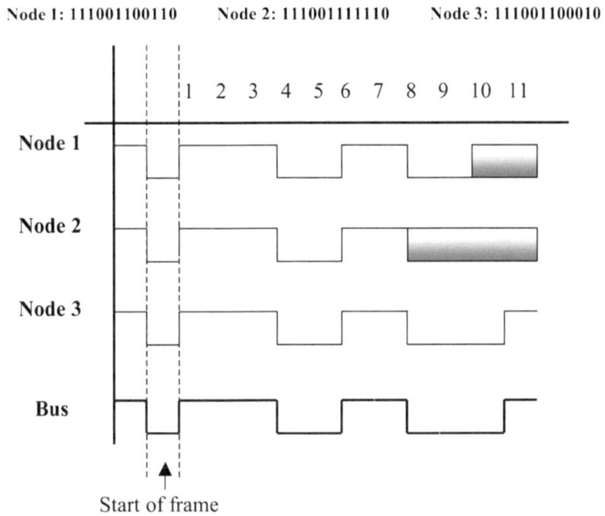

Abbildung 3.3: Beispiel einer CAN-Bus Arbitrierung

Im Hinblick darauf, dass der rezessive Pegel 1 und der dominante Pegel 0 ist und dass der dominante Pegel eine höhere Priorität hat als der rezessive Pegel, läuft die in Abbildung 3.3 dargestellte Arbitrierung folgendermaßen ab:

- Bits werden übertragen, beginnend mit dem signifikantesten Bit (MSB). Das MSB erhält die Nummer 1.
- Alle Knoten starten mit der Übertragung, beginnend mit ihren SOF-Bits.
- Dann senden sie ihre Identifier-Bits. Bis zum achten Bit senden alle Knoten dasselbe Identifier-Bit. Das 8te Bit von Knoten 2 ist rezessiv, während die entsprechenden Bits der Knoten 1 und 3 dominanten Zustand haben. Deshalb bricht Knoten 2 die Übertragung ab und kehrt zum Empfangsmodus zurück. Der Empfangsmodus ist in obiger Abbildung grau unterlegt.
- Die 9ten Bits der Koten 1 und 3 sind gleich, weshalb die Knoten weiterhin ihre Identifier-Bits senden.

- Das 10te Bit von Knoten 1 ist auf rezessivem Pegel, während dasselbe Bit von Knoten 3 dominant ist. Deshalb stoppt Knoten 1 die Aussendung und kehrt in den Empfangsmodus zurück (grau unterlegtes Feld).

- Der Bus ist jetzt frei für Knoten 3, der den Rest seines Identifiers und die übrigen Teile der Frame-Bits (RTR-Bit, Kontrollfeld, Datenfeld, CRC und ACK-Bits) sendet.

Bei Betrachtung der **Identifier** jedes Knotens mit ihren hexadezimalen Entsprechungen ergibt sich:

Knoten1: 11100110011	**Knoten2: 1110011111**	**Knoten3: 11100110001**
Hex: 733	**73F**	**731**

Der Knoten mit der niedrigsten Identifier-Nummer ist Knoten 3, und somit hat dieser Knoten die höchste Priorität. Dies entspricht dem obigen Beispiel, bei dem nur Knoten 3 das Senderecht auf dem Bus erhält.

Zu beachten ist in dem obigen Beispiel, dass die Knoten auf dem Bus keine Adressen haben. Stattdessen erfassen alle empfangenden Knoten (Knoten 1 und 2) alle von Knoten 3 ausgesendeten Daten und benutzen ihre Akzeptanzfilter, um zu ermitteln, ob sie die von Knoten 3 gesendeten Daten akzeptieren wollen oder nicht.

Es ist wichtig, darauf hinzuweisen, dass sich die Situation ändern kann, nachdem Knoten 3 seine Daten gesendet hat, und Knoten 2 der Bus-Master wird, indem er einen Datenframe mit einem niedrigeren Identifier sendet. Das ist das elegante am CAN-Bus, dass er den Multimaster-Betrieb auf dem Bus erlaubt und jeder Knoten die Möglichkeit hat, je nach Bedarf entweder ein Master oder ein Client zu werden.

3.1.3 RTR-Feld

Das 1 Bit große RTR-Feld zeigt die Übertragung entweder eines Datenframes (RTR = 0) oder eines Abfrageframes ((RTR = 1) an. Zusammen mit den Identifier-Bits bildet dieses Feld das sogenannte Arbitrierungs- oder Status-Feld. Im obigen Beispiel ist RTR = 0.

3.1.4 Kontrollfeld

Das Kontrollfeld ist 6 Bit groß und besteht aus dem IDE-Bit (Identifier-Erweiterung), einem reservierten Bit (r0) und 3 DLC-Bits (Data Length Code).

	IDE	r0	DLC3	DLC2	DLC1	DLC0	

Abbildung 3.4: Bits des CAN-Kontrollfeldes

Das IDE-Bit zeigt das verwendete CAN-Format an. Dabei steht IDE = 0 für das Standardformat CAN 2.0A und IDE = 1 für das erweiterte Format CAN 2.0B.

r0 ist ein reserviertes Bit.

DLC3 – DLC0 bestimmen die Anzahl der Bytes im Datenfeld (0 bis 8 Bytes). Tabelle 3.1 zeigt, wie die Bits DLC3 – DLC0 für die Anzeige der Größe des Datenfeldes benutzt werden. Sollen beispielsweise 4 Bits im Standardformat CAN 2.0A gesendet werden, hat das Kontrollfeld die folgenden Bits:

	0	0	0	1	0	0	

3.1.5 Datenfeld

Das Datenfeld enthält die eigentlichen Daten der Nachricht. Der Umfang der Daten kann zwischen 0 und 8 Bytes variieren. Die Daten werden mit dem MSB-Byte zuerst gesendet.

3.1.6 CRC-Feld

Das CRC-Feld für die zyklische Redundanzprüfung (Cyclic Redundancy Check) besteht aus den folgenden Bits:

- 15 Bit CRC-Sequenz
- 1 Bit CRC-Trennzeichen

Das CRC-Feld dient dazu, den Frame auf mögliche Übertragungsfehler zu überprüfen. Die CRC-Berechnung umfasst das Anfangsfeld (SOF), das Arbitrierungs-Feld, das Kontrollfeld und die Datenfelder (siehe Abbildung 3.5). Der empfangende Knoten berechnet CRC anhand der empfangenen Daten und vergleicht das Ergebnis mit dem CRC-Wert, der mit dem Frame geschickt wird. Weichen die beiden CRC-Werte voneinander ab, wird ein Fehler angenommen.

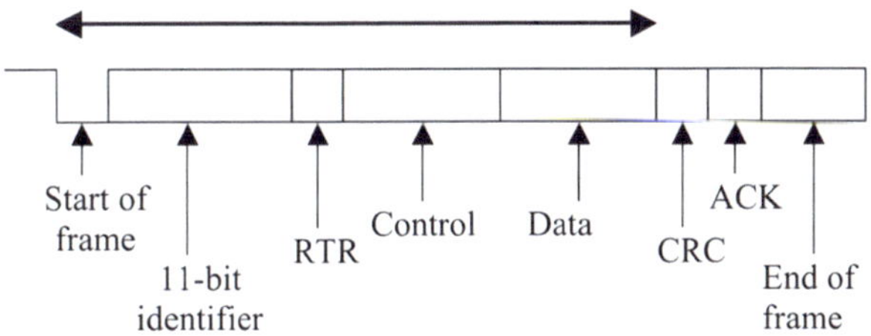

Abbildung 3.5: Bei der CRC-Berechnung berücksichtigte Felder

Der empfangende Knoten berechnet den CRC auf die gleiche Weise wie der sendende Knoten. Es gibt viele CRC-Polynome, doch der CAN-Bus benutzt das nachstehende Polynom.

Die Nachricht wird als Polynom betrachtet und wird vom CRC-Rechner mit einer Modulo-2 Rechnung ermittelt. Der CRC-Wert wird mit Hardware erzeugt und nutzt das folgende Polynom:

$$x^{15}+x^{14}+x^{10}+x^{8}+x^{7}+x^{4}+x^{3}+1$$

d.h. 16 Bits mit Bit-Muster: 1100010110011001

- Der Restbetrag dieser Modulo-2 Division ist die CRC-Sequenz, die zusammen mit der Nachricht gesendet wird.

- Der Empfänger dividiert die Meldung unter Verwendung desselben Polynoms.

- Wenn ein CRC-Fehler festgestellt wird, verwirft der Empfänger die Nachricht und sendet einen Fehler-Frame, um eine erneute Übertragung anzufordern.

3.1.7 ACK-Feld

Das ACK-Feld besteht aus den folgenden Bits:

- 1-Bit ACK
- 1-Bit Delimiter

Das ACK-Bit (auch als ACK-Slot bezeichnet) ist eine Bestätigung, dass der Frame normal und ohne Fehler empfangen wurde, d.h. es ist eine Bestätigung dafür, dass der CRC-Check der empfangenden Knoten erfolgreich war.

Der sendende Knoten überträgt das ACK-Bit in rezessivem Modus (als 1). Während des ACK-Slots wird der sendende Knoten zu einem empfangenden Knoten, indem er ein rezessives Signal auf den Bus gibt. Alle empfangenden Knoten, die einen Datenframe mit einem korrekten CRC empfangen haben, melden das an den Absender, indem sie während des ACK-Zeitfensters ein dominantes Bit senden. Wenn der sendende Knoten eine positive Bestätigung erhält, also ein dominantes ACK-Bit, weiß dieser Knoten, dass mindestens ein empfangender Knoten die Nachricht korrekt erhalten hat.

Gibt es mehrere empfangende Knoten, sind mehrere Möglichkeiten denkbar:

- Wenn der sendende Knoten während des ACK-Slots ein dominantes Bit feststellt, weiß der sendende Knoten, dass mindestens ein empfangender Knoten die Nachricht korrekt erhalten hat (denken Sie an die „Wired-AND"-Logik). Tatsächlich aber bedeutet das, dass die Nachricht bei allen empfangenden Knoten korrekt eigegangen ist. Denn wenn auch nur ein Knoten einen CRC-Fehler erhält und daraufhin einen Fehlerframe sendet, wird die fehlerhafte Nachricht für jeden Knoten zerstört (d.h. jeder Knoten, einschließlich dem sendenden Knoten, erhält den Fehlerframe und verwirft deshalb die Nachricht). In diesem Fall wird der sendende Knote die Nachricht nach einer festgelegten Pause erneut senden.

- Wenn der sendende Knoten während des ACK-Slots ein rezessives Bit feststellt, weiß der sendende Knoten, dass alle empfangenden Knoten einen Fehler gemeldet haben. In diesem Fall ist es wahrscheinlich, dass der sendende Knoten den CRC-Wert falsch berechnet hat, oder dass keine Empfänger bereit waren, oder dass eine Datenkorruption auf dem Bus stattgefunden hat. Deshalb wird der sendende Knote die Nachricht nach einer festgelegten Pause erneut senden.

Der 1-Bit ACK-Delimiter ist immer im rezessiven Zustand.

3.1.8 End-Of Frame-Feld

Hier handelt es sich um ein 7-Bit Feld, das aus 7 rezessiven Bits besteht. Jeder Datenframe wird von diesem Feld beendet. Wenn nacheinander mehrere Datenframes gesendet werden sollen, ist es wichtig, dass zwischen den einzelnen Frames ein 3 Bit langer Abstand (Interframe Gap) eingehalten wird. Dieser Interframe Gap ist immer rezessiv.

3.2 Remote Frame

Der Remote Frame wird von einem Knoten benutzt, um die Übertragung einer Nachricht von einem anderen Knoten anzufordern. Remote Frames werden selten benutzt und ihre Verwendung wird von CiA (CAN in Automation) nicht empfohlen.

Der Remote Frame ist fast identisch mit dem Datenframe mit Ausnahme folgender Unterschiede:

- Der Remote Frame hat kein Datenfeld (siehe Abbildung 3.6), d.h. er besteht aus dem Anfangsfeld SOF, der Fernabfrage RTR, dem Kontrollfeld, dem CRC-Feld, ACK-Feld und dem Endfeld EOF.
- Das RTR-Bit des Remote Frame wird auf den rezessiven Zustand gesetzt (also 1)

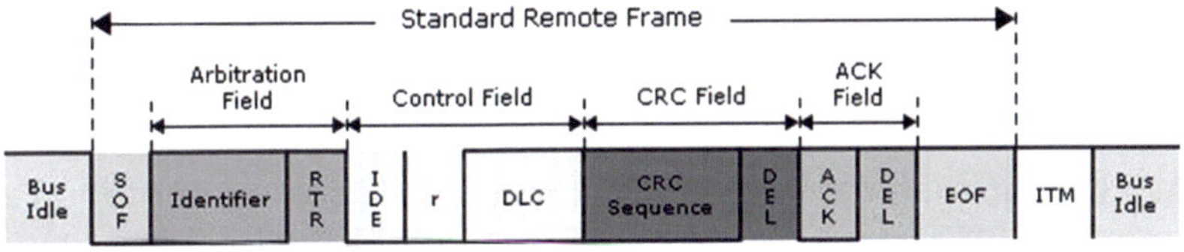

Abbildung 3.6: Der Remote Frame

Knoten, die Remote Frames empfangen und akzeptieren, werden ein Datenframe mit den angeforderten Daten senden; jedoch kann nur ein Knoten die Daten senden.

Die Datenanforderung geschieht nach dem Aussenden von zwei Frames. Der erste Frame ist der Remote Frame (mit RTR 0 1), der den anderen Knoten mitteilt, dass Daten angefordert werden. Der zweite Frame ist ein Datenframe mit demselben Identifier, der den anderen Knoten mitteilt, welche Daten angefordert werden. Der DLC (Datenlängencode) des Remote Frame muss identisch sein mit dem DLC des Datenframes, der direkt nach dem Remote Frame gesendet wird. Wenn der Remote Frame und der Datenframe mit demselben Identifier gleichzeitig versuchen, auf den Bus zu gelangen, erhält der Datenframe Zugang, da sein RTR auf 0 gesetzt ist und deshalb eine höhere Priorität hat (das RTR-Bit ist Teil der Bus-Arbitrierung).

3.3 Error Frame

Fehlerframes werden von der CAN-Hardware erzeugt und gesendet und dienen dazu, einen während einer Übertragung aufgetretenen Fehler anzuzeigen. Mit der Erzeugung eines Error Frames werden die fehlerhaften Daten auf dem Bus beendet, da alle Knoten auf dem Bus diese Daten verwerfen.

Wie Abbildung 3.7 zeigt, besteht ein Fehlerframe aus einer 6 Bit Error Flag (Fehlerkennung) und einem 6 Bit Error Delimiter (Trennzeichen). Am Ende des Fehlerframes sollte noch ein Interframe Gap von 3 Bit eingefügt werden.

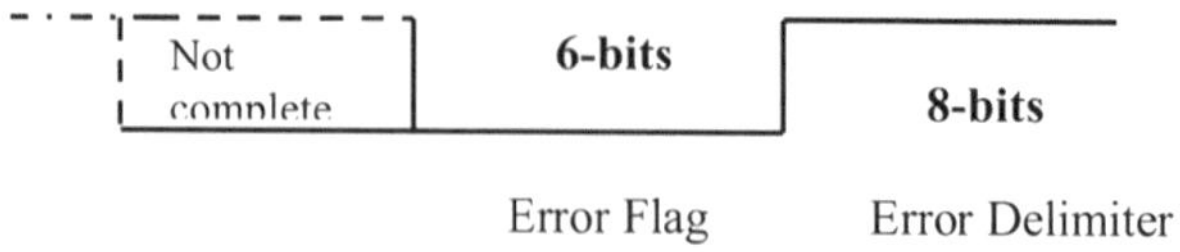

Abbildung 3.7: CAN Error Frame

Entsprechend dem CAN-Standard stellen 5 aufeinander folgende Bits mit derselben Polarität (5 dominante oder 5 rezessive Bits) eine Verletzung des Bus-Standards dar und werden als Fehlerzustand betrachtet. In einem solchen Fall werden die auf dem Bus befindlichen Daten von allen Knoten als fehlerhaft angesehen. Nach dem Interframe Gap (IFG oder Interpacket Gap - IPG) übermittelt der sendende Knoten erneut denselben Frame. Im Error Frame werden 6 dominante Bits nacheinander gesendet, und da dies gegen den CAN-Standard verstößt, wird der vollständige Frame verworfen (wir werden später noch sehen, dass es auch zulässig sein kann, mit der als „Bit staffing" bezeichneten Methode auch mehr als 5 Bits mit derselben Polarität als Daten zu senden).

Es gibt zwei Arten von Fehlerkennzeichnungen: aktive Error Flags und passive Error Flags, wobei die aktive Error Flag aus 6 dominanten Bits und die passive .Error Flag aus 6 rezessiven Bits besteht.

Fehlerframes werden sofort nach dem Erkennen eines Fehlers losgeschickt. Bei Fehlern des CRC-Typs wird der Fehlerframe nach der 2-Bit-Zeit nach der Fehlererkennung gesendet. Damit wird ein Konflikt mit dem ACK-Feld vermieden.

Es ist wichtig, sich klarzumachen, dass dann, wenn von einem Knoten ein Fehlerframe gesendet wird, alle anderen Knoten auf dem Bus diesen Fehlerzustand erkennen und ihrerseits Fehlerframes aussenden. Es ist möglich, dass manche dieser Knoten ebenfalls zur gleichen Zeit Fehlermeldungen aussenden, während andere Knoten die Übermittlung der Fehlerframes nach Erkennen des Fehlerzustands auf dem Bus beginnen, d.h. nach 6 Bits. Da diese Knoten ebenfalls beginnen, ihre Fehlerframes zu senden, kann es sein, dass die Error Flag auf dem Bus bis maximal 12 Bits verlängert wird. In Abbildung 3.8 ist der Fall dargestellt, bei dem der Error Frame auf 12 dominante Bits der Error Flag und 8 rezessive Bits des Error Delimiters erweitert wird.

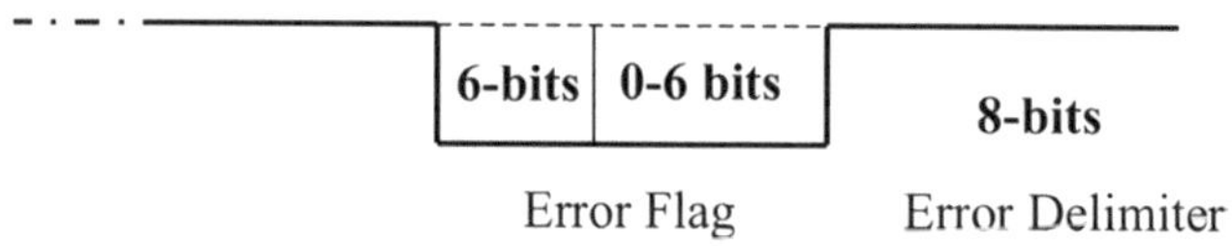

Abbildung 3.8: Erweiterter Fehlerframe

Das Fehler-Delimiterfeld besteht aus 8 rezessiven Bits und wird nach der Error Flag gesendet. In dem Fall, dass die Error Flag auf dem Bus mehr als 6 Bits hat, senden alle Knoten auf dem Bus die ersten Bits ihrer Fehler-Delimiter und fahren fort, rezessive Bits zu senden, bis der Bus den rezessiven Zustand annimmt. (Der Bus wird rezessiv, wenn alle Knoten die ersten Bits ihrer Fehler-Delimiter gesendet haben.) Sobald der Bus im rezessiven Zustand ist, senden alle Knoten die übrigen 7 Bits ihrer Fehler-Delimiter.

Wichtig ist, sich klarzumachen, dass im ungünstigsten Fall der Fehlerframe aus 20 Bits besteht (12 Bits der Error Flag plus 8 Bits des Fehler-Delimiters). Nimmt man die 3 Bits des Interframe-Gap hinzu, kommt man auf 23 Bits. Bei einer Bus-Datenrate von 1 Mbit/s (d.h. 1 µs Bitzeit) ergibt sich eine maximale gesamte Bus-Rückkehrzeit von 23 µs. Dies ist der wirklich ungünstigste Fall, d.h. die längste Zeit, die der Bus zur erneuten Bereitschaft benötigt, d.h. bis die Übertragung von Frames erneut beginnen kann. Dies ist eine sehr kurze Zeit und einer der Vorzüge des CAN-Busses.

Im nächsten Kapitel werden die Fehlerbedingungen auf dem CAN-Bus im Detail beschrieben.

3.4 Overload Frame

Der Overload Frame wird vom empfangenden Knoten benutzt, um anzuzeigen, dass er für den Empfang von Frames noch nicht bereit ist. Wie in Abbildung 3.9 dargestellt, ist der Overload Frame ähnlich dem Error Frame und besteht aus:

- 6 Bit Overload Flag
- 8 Bit Overload Delimiter

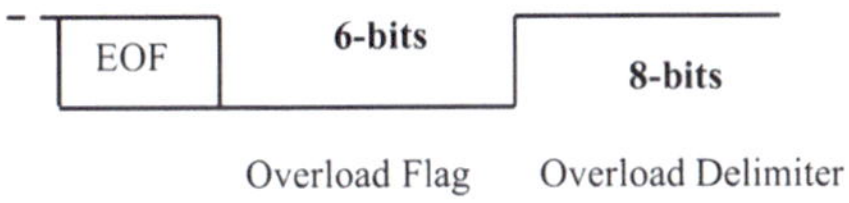

Abbildung 3.9: CAN Overload Frame

Der Overload Frame kann zwischen zwei Datenframes oder Remote Frames gesendet werden. Es gibt zwei verschiedene Überlastungsbedingungen, die zur Übertragung eines Overload Frames führen können:

1. Die internen Bedingungen eines Receivers, die eine Verzögerung das nächsten Datenframe oder Remote Frame erfordern. Das bedeutet, dass ein empfangender Knoten vorübergehend überlastet und nicht in der Lage ist, irgendwelche Daten zu empfangen, was eine Verzögerung auf dem Bus verlangt.

2. Feststellung eines dominanten Bit während der Zwischenframezeit oder des EOF-Frames.

Der Start eines Überlastungsframes aufgrund der 1. Bedingung ist nur zum Zeitpunkt des ersten Bit eines erwarteten Interframe Gap möglich, d.h. die 6 Bit Overload Flag setzt die 3 des Interframe Gap außer Kraft. Das ist wichtig und stellt den Hauptunterschied im zeitlichen Ablauf zwischen Error Frame und Overload Frame dar. (Zur Erinnerung: der Fehlerframe startet, sobald der Fehler festgestellt ist, ohne dass der Frame vollständig ist, wodurch alle Knoten diesen Frame unbeachtet lassen.)

Überlastungsframes aufgrund der 2. Bedingung starten 1 Bit nach der Erkennung des dominanten Bit. Die Overload Flag besteht aus 6 dominanten Bits. Damit verletzt die Overload Flag die Can Bus Regeln (es dürfen nicht mehr als 5 Bit derselben Polarität über den Bus laufen), und als Konsequenz stellen auch alle anderen Knoten einen Überlastungszustand fest und starten ihrerseits die Übertragung einer Overload Flag. Wie bei der Error Flag kann auch die Overload Flag bis auf 12 Bit erweitert werden. Es können nicht mehr als zwei Overload Frames erzeugt werden, um ein Datenframe oder Remote Frame zu verzögern. Der Overload Delimiter besteht aus acht rezessiven Bits. Dieses Trennzeichen hat die gleiche Form wie der Error Delimiter.

3.5 Erweiterte CAN-Frames

Nachdem wir uns nun bei CAN 2.0A alle Standardframes angeschaut haben, können wir uns die erweiterten Frames vornehmen und betrachten, wie sich das erweiterte Protokoll vom Standardprotokoll unterscheidet und welche zusätzlichen Vorteile das erweiterte Protokoll bietet.

Der CAN-Bus wurde ursprünglich für die Fahrzeugtechnik entwickelt und besitzt daher eine Nachrichten-ID (Nachrichtenkennung) von 11 Bit. 11 Bit ermöglichen 2048 verschiedene Kennungen in einem System. Um die Funktionalität des Busses zu verbessern und die ID-Kapazität zu erhöhen, wurde 1985 das erweiterte CAN (auch CAN 2.0B genannt) entwickelt.

Abbildung 3.10 zeigt den Datenframe des erweiterten CAN.

SOF	11-Bit Identifier	SRR	IDE	18-Bit Identifier	RTR	r1	r0	DLC	0. . .8 Bytes Data	CRC	ACK	EOF	IFS

Abbildung 3.10: Erweiterter CAN Data Frame

Wie zuvor zeigt das SOF Bit den Beginn des Frames an.

Das SRR-Bit (Substitute Remote Request) ersetzt das RTR-Bit (Remote Transmission Request).

Das IDE-Bit wird dominant bei CAN 2.0A und rezessiv bei CAN 2.0B übertragen. Das RTR-Bit ist wie im Standardprotokoll.

Die anderen Bits im Protokoll CAN 2.0B sind gleich wie bei CAN 2.0A.

Im System CAN 2.0B bestehen die Arbitrierungsfelder aus all den Feldern vom 11 Bit Identifier bis zum RTR-Feld, d.h. aus insgesamt 32 Bit (siehe Abbildung 3.11). Da SSR und IDE bei CAN 2.0B rezessive Bits sind, hat in einem gemischten System, in dem sowohl Standardprotokolle wie auch erweiterte Protokolle verwendet werden, ein Standard-Datenfeld eine höhere Priorität als ein erweitertes Datenfeld.

Mit dem erweiterten Format muss man auch einige Kompromisse hinnehmen:

- längere Bus-Latenzzeiten
- Nachrichten im erweiterten Format benötigen eine etwa 20% größere Bandbreite
- geringere Fehlererkennungsfähigkeit auf Grund der höheren Bitzahl in einem Frame, was zu längeren CRC-Berechnungszeiten führt.

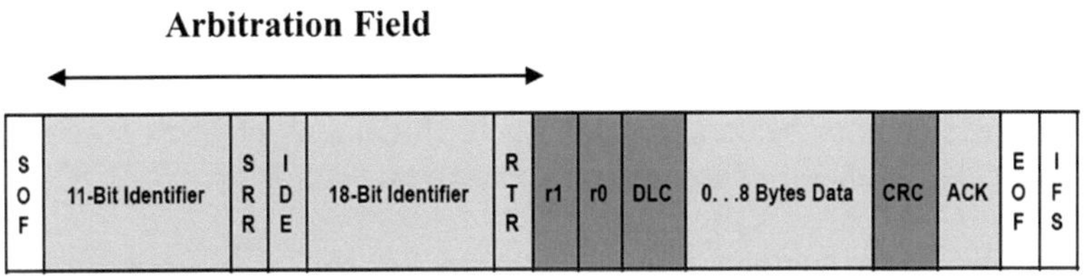

Abbildung 3.11: Arbitrierungsfeld im erweiterten CAN-System

Kapitel 4 • Datenaustausch auf dem CAN-Bus

4.1 Übersicht

In diesem Kapitel werden Sie erfahren, wie Daten auf dem CAN-Bus ausgetauscht werden. Der CAN-Bus ist ein Multimaster-System, bei dem jeder Knoten zu jeder Zeit aktiv Nachrichten senden und empfangen kann.

Wenn ein Knoten Daten über den Bus sendet, sind alle anderen Knoten bereit, die übertragene Nachricht zu empfangen. Obwohl alle empfangenden Knoten alle Nachrichten erhalten, können sie sich entscheiden, auf den Nachrichteninhalt nicht zu reagieren, da die Nachricht für den betreffenden Knoten eventuell nicht relevant ist.

Die Knoten auf dem CAN-Bus haben keine Adressen. Nachrichten werden deshalb nicht an bestimmte Knoten adressiert, sondern werden auf dem Bus ungezielt ausgesendet. Ein Knoten braucht auch nicht zu wissen, von wo eine Nachricht ausgeht. Umgekehrt braucht ein sendender Knoten nicht notwendigerweise zu wissen, welche Knoten tatsächlich auf die gesendete Nachricht reagiert haben. Die Knoten empfangen nur die Nachrichten, für deren Empfang sie programmiert sind.

Obwohl der interne Funktionsablauf der verschiedenen CAN-Controller unterschiedlich sein kann, soweit es den Vorgang des Datenaustauschs betrifft, wird das allgemeine Grundprinzip des Datenaustauschs in diesem Kapitel kurz beschrieben.

4.2 Datenaustausch mit Data Frames

Datenframes sind auf dem CAN-Bus die wichtigsten Frames, da mit ihnen die Daten von einem sendenden Knoten zu den anderen Knoten auf dem Bus übertragen werden. Ein Datenframe hat ein dominantes RTR-Bit. (Remote Transmission Request)

Wenn ein Knoten Daten über den Bus an andere Knoten senden will, erzeugt er einen Data Frame. Solche Datenframes beinhalten einen Nachrichten-Identifier, die eigentlichen Daten-Bytes und Fehlerprüfbits. Der Identifier ist besonders wichtig, da er von den empfangenden Knoten benutzt wird, um zu entscheiden, ob die Nachricht angenommen werden soll oder nicht. CAN-Bus Controller in empfangenden Knoten haben eingebaute Akzeptanzfilter (oder Receive Filter). Diese Filter können vom Programmierer oder Nutzer des Systems programmiert und mit Werten belegt werden. Die Message Identifier der Datenframes auf dem Bus werden mit den Filterwerten verglichen. Wenn der Filterwert und der Nachrichten-Identifier übereinstimmen, wird die Nachricht vom Controller angenommen. Stimmen Filterwert und Nachrichten-Identifier nicht überein, wird die Nachricht vom Controller nicht akzeptiert. Somit kann durch die Programmierung der Acceptance Filter erreicht werden, dass ein Knoten eine Nachricht annimmt oder ablehnt. (Zu beachten ist dabei, dass alle empfangenden Knoten alle Nachrichten erhalten, aber nicht unbedingt akzeptieren.)

Außerdem haben die meisten CAN-Bus Controller eingebaute **Filter Masken**. Sie legen fest, welche Bits im Message Identifier mit den Werten in den Akzeptanzfiltern zu vergleichen sind. Wird z.B. der Wert aller Filtermasken auf 1 gesetzt, wird damit sichergestellt, dass alle Bits der Nachrichten-Identifier mit allen Bits der Akzeptanzfilter verglichen werden.

Abbildung 4.1 zeigt ein Beispiel für den Datenaustausch auf dem Bus. In diesem Beispiel hat der Bus die drei Knoten A, B und C. Wir nehmen nun an, dass zum Zeitpunkt der Datenübertragung die Akzeptanzfilter in dem Controller jedes Knotens auf die folgenden Werte eingestellt sind:

Knoten A: Wert des Akzeptanzfilters = „00000000011"
Knoten B: Wert des Akzeptanzfilters = „00000011111"
Knoten C: Wert des Akzeptanzfilters = „00000000111"

Nahmen wir weiter an, dass Knoten A hohe Priorität hat und einen Datenframe sendet, dessen Nachrichten-Identifier auf den Bitwert „00000000111" eingestellt ist. Die beiden anderen Knoten sind im Empfangsmodus und vergleichen den Nachrichten-Identifier auf dem Bus mit den Werten ihrer Akzeptanzfilter. Der Akzeptanzfilterwert von Knoten C ist gleich mit dem Nachrichten-Identifier, weshalb sein Controller den von Knoten A gesendeten Datenframe akzeptiert. Der Controller in Knoten B vergleicht ebenfalls den Wert seines Akzeptanzfilters mit dem Nachrichten-Identifier. Er stellt keine Übereinstimmung fest und verwirft deshalb den Datenframe.

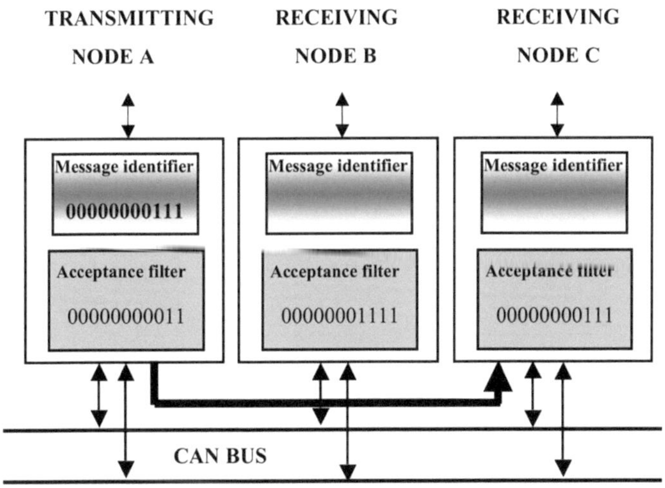

Abbildung 4.1: Datenframe-Austausch auf dem Bus

Zu beachten ist, dass bei der Aussendung einer Nachricht auf dem Bus die Controller aller Knoten diese Nachricht erhalten, aber sie nicht unbedingt akzeptieren. Und auch wenn ein Controller eine Nachricht akzeptiert, bleibt diese Nachricht zunächst in einem Empfangspuffer des Controllers, bis die Anwendungs-Software anfragt, die Nachricht aus dem Puffer zu entlassen und in die internen Datenstrukturen zu kopieren.

Abbildung 4.2 zeigt ein weiteres Beispiel, in dem Knoten A ein Datenframe sendet und die beiden Knoten B und C diesen Datenframe akzeptieren. In diesem Beispiel wurde der Wert des Akzeptanzfilters von Knoten B auf „00000000111" geändert.

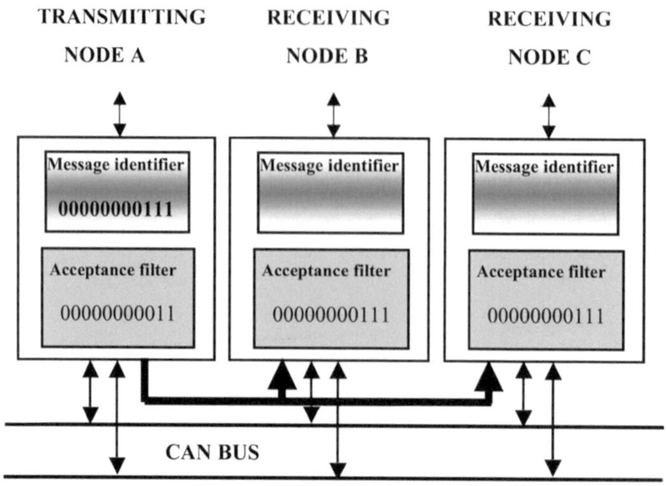

Abbildung 4.2: Beispiel eines Datenframe-Austauschs

In Abbildung 4.3 sendet Knoten A ein Datenframe, doch wird es von keinem der anderen Knoten akzeptiert. In diesem Fall wurden die Werte der Akzeptanzfilter Von Knoten B und Knoten C auf „00000111111" bzw. auf 11110000000" geändert.

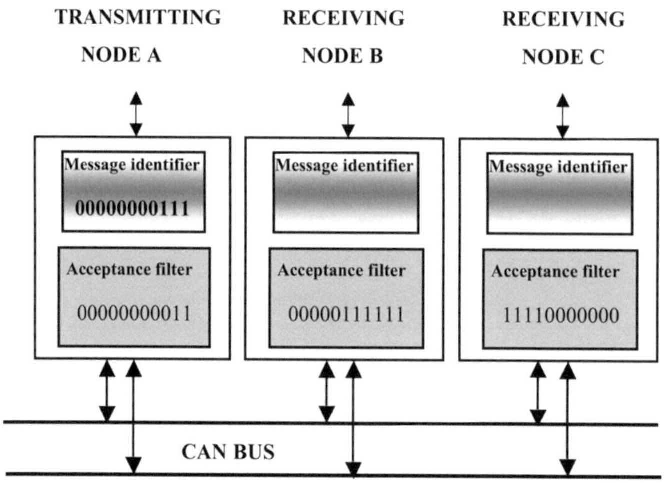

Abbildung 4.3: Beispiel eines Datenframe-Austauschs

Der Ablauf des Datenaustauschs, wenn ein Datenframe auf den Bus gesendet wird, lässt sich folgendermaßen zusammenfassen:

- Ein Knoten sendet einen Datenframe mit einem bestimmten Nachrichten-Identifier
- Die Controller aller Knoten auf dem Bus empfangen diese Nachricht.

- Die Controller der empfangenden Knoten auf dem Bus vergleichen den Nachrichten-Identifier mit ihren Akzeptanzfiltern.

- Knoten, deren Akzeptanzfilter mit dem Nachrichten-Identifier übereinstimmen, übernehmen den Datenframe. Die Akzeptanzfilter dieser Knoten wurden so eingestellt, dass die Nachricht mit dem betreffenden Identifier relevant für die Anwendungsebene dieser Knoten ist.

- Knoten, deren Akzeptanzfilter mit dem Nachrichten-Identifier nicht übereinstimmen, ignorieren den Datenframe. Die Akzeptanzfilter dieser Knoten wurden so eingestellt, dass die Nachricht mit dem betreffenden Identifier für Anwendung dieser Knoten nicht relevant ist.

Zu beachten ist, dass die Werte der Nachrichten-Identifier und der Akzeptanzfilter von den Ingenieuren festgelegt werden, die den Bus konzipieren und warten.

4.3 Remote Frames auf dem Bus

Remote Frames werden an einem rezessiven RTR-Bit (Remote Transmission Request) in ihrem Frame erkannt und auch daran, dass sie keine Datenfelder enthalten. Diese Frames dienen dazu, Daten von einem anderen Knoten abzurufen. Wird ein Remote Frame auf den Datenbus geschickt, übermittelt ein anderer Knoten die angeforderten Daten in einem Datenframe. Beide dieser Knoten haben dieselben Nachrichten-Identifier.

Abbildung 4.4 zeigt das Beispiel eines Busses mit drei Knoten, welche die folgenden Nachrichten-Identifier haben:

Knoten A: Wert des Akzeptanzfilters = „00000000011"
Knoten B: Wert des Akzeptanzfilters = „00000011111"
Knoten C: Wert des Akzeptanzfilters = „00000000111"

Knoten A startet eine Abfrage /Remote Request), indem das RTR-Bit auf rezessiven Zustand und der Nachrichten-Indentifier auf „00000000111" gesetzt werden. Die Knoten B und C empfangen die Fernabfrage, und Knoten C akzeptiert die Datenanforderung.

In Abbildung 4.5 sendet Knoten C die angeforderten Daten als Datenframe. In diesem Beispiel empfängt Knoten A den angeforderten Datenframe. Zu beachten ist, dass Knoten A den angeforderten Datenframe mit demselben Identifier sendet, den der Abfragerahmen hat.

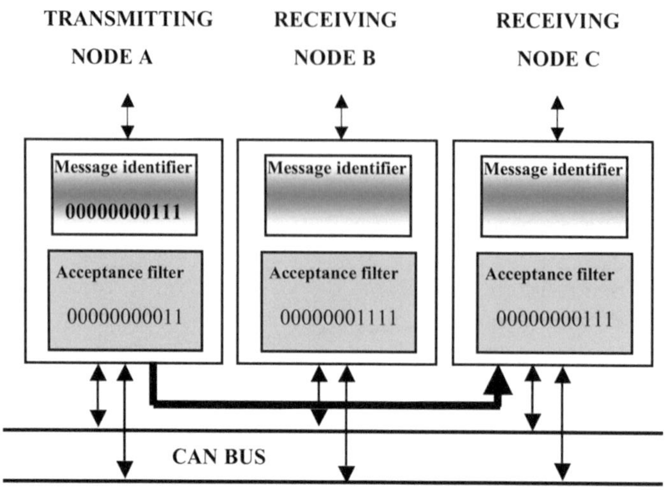

Abbildung 4.4: Beispiel einer Fernabfrage

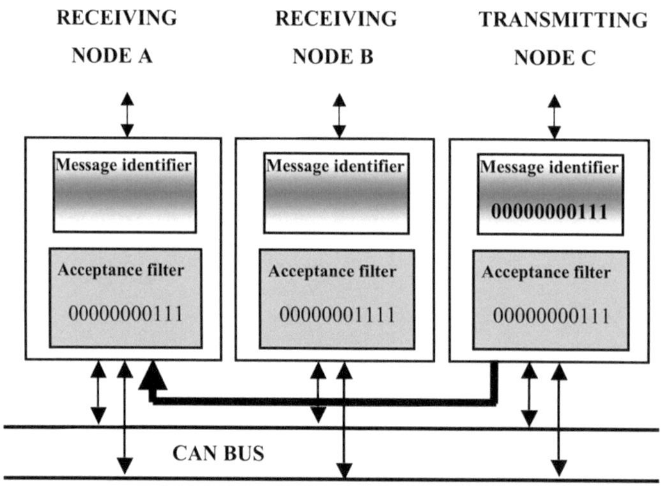

Abbildung 4.5: Beispiel eines Data Frame mit den angeforderten Daten

Kapitel 5 • CAN-Bus Schnittstellenmodul

5.1 Übersicht

In diesem Kapitel machen wir uns mit dem CAN-Bus Schnittstellenmoduls vertraut, welches bei den in diesem Buch beschriebenen Projekten verwendet wird.

5.2 MCP2515 Schnittstellenmodul für den CAN-Bus

Von einer Reihe von Herstellern sind viele CA-Busmodule auf dem Markt erhältlich. In diesem Buch werden wir das Schnittstellenmodul **Youmile MCP2515** verwendet, das in Abbildung 51 zu sehen ist.

Abbildung 5.1 CAN-Bus Schnittstellenmodul Youmile MCP2515

Das Modul misst 40 mm x 28 mm und hat auf einer Seite einen Anschlussblock mit 2 Schraubklemmen und auf der anderen Seite eine 7polige Anschlussleiste mit folgender Belegung:

INT: interrupt
SCK: clock
SI: SPI MOSI
SO: SPI MISO
CS: chip select
GND: Erde
VCC: Spannungsversorgung (+5 V)

In Abbildung 5.2 ist das Funktions- Blockdiagramm des CAN-Bus Schnittstellenmoduls dargestellt.

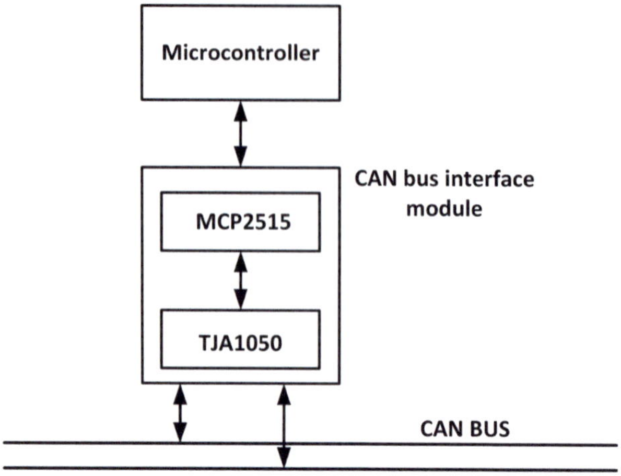

Abbildung 5.2: Funktions-Blockdiagramm

Abbildung 5.3 zeigt das Schaltbild des Moduls. Dieses CAN-Bus Schnittstellenmodul enthält zwei Chips: CAN-Controller (MCP2515) und CAN-Transceiver (TJA1050).

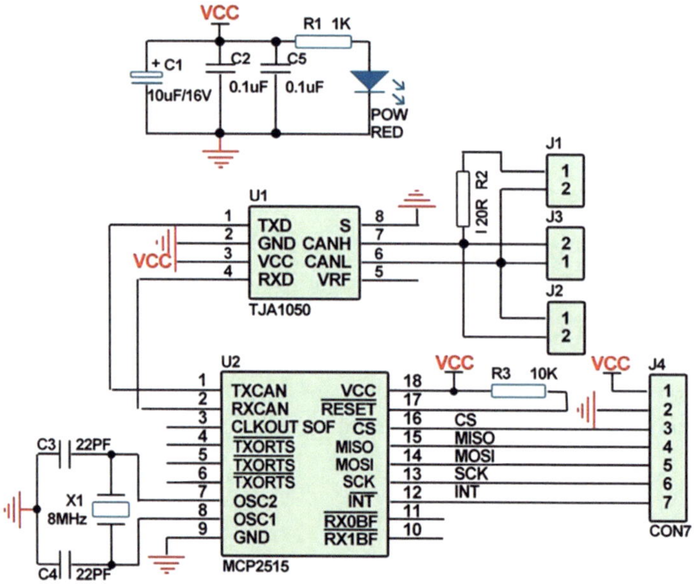

Abbildung 5.3: Schaltbild des Schnittstellenmoduls

Die Platine benutzt den SPI-Standardbus und hat folgende Merkmale:

- MCP2515 CAN-Controller-Chip
- TJA1050 CAN-Transceiver-Chip
- Betrieb mit +5 V Versorgungsspannung
- 5 mA Arbeitsstrom (1 µA in Standby)
- On-board 120 Ω Abschlusswiderstände

- Betrieb mit on-board 8 MHz Crystal
- Unterstützung des CAN V2.0B Protokolls
- 1 Mbit/s Kommunikationsgeschwindigkeit
- 0-8. Byte Datenfeld
- Betriebstemperatur -40 °C bis +85 °C Industriegüte

Es lohnt sich, etwas genauer auf die Details des CAN-Bus Schnittstellenmoduls zu schauen, das für die Projekte in diesem Kapitel verwendet wird.

5.2.1 Das MCP2515 CAN-Controller-Chip

Dies ist ein 1 Mbit/s Controller mit der Protokollspezifikation CAN 2.0B. Der Chip hat die folgenden Spezifikationen:

- Zwei Receive Buffer (Empfangspuffer)
- Drei Transmit Buffer (Sendepuffer)
- Zwei Akzeptanzmasken
- Sechs Akzeptanzfilter
- SPI-Schnittstelle zum Mikrocontroller
- Ausgangs-Clock-Pin
- Interrupt-Pin
- SOF-Signal ist für Monitoring verfügbar
- Niedriger Stromverbrauch

Der Chip enthält folgende Module:

- CAN-Controller
- Control Logik
- SPI-Schnittstellenlogik
- Control- und Interrupt-Register

Der MCP2515 Chip kann mit Spannungen von +3,3 V bis +5 V betrieben werden. Das CAN Controller Modul besteht aus Protocol Engine, TX- und RX-Puffern sowie Akzeptanz-Masken und –Filtern. Auf dem Bus erkannte Nachrichten werden auf Fehler überprüft. Wenn keine Fehler vorliegen, wird der Nachrichten-Identifier mit den vom Benutzer festgelegten Filterwerten verglichen, um Übereinstimmungen festzustellen. Besteht Übereinstimmung, wird die Nachricht vom Modul akzeptiert und kann dann vom Mikrocontroller gelesen werden. CRC und Bitzeit werden ebenfalls vom CAN-Controllermodul kontrolliert.

Für die Kommunikation zwischen Mikrocontroller und MCP2515 dient das SPI-Protokoll, das von der SPI-Schnittstellenlogik angewendet wird.

Die Control-Logik ist für die Kontrolle aller internen Abläufe im Chip verantwortlich.

Die Control- und Interrupt-Register unterliegen der Control-Logik und geben dem Chip die Interrupt-Fähigkeit.

Das MCP2515 Chip wird gesteuert vom SIP-Bus (Serial Peripheral Interface), der bei vielen Mikrocontrollern vorhanden ist. Befehle und Daten werden über den SP-Pin zu dem Chip gesendet mit der ansteigenden Flanke des Clock-Input CLK. In ähnlicher Weise werden Daten über den SO-Pin mit der fallen Flanke des Clock-Signals ausgegeben. Für den normalen Betrieb des Systems muss der vom Chip bestimmte Eingang CS niedrigen Pegel haben. Die Register müssen programmiert sein, bevor das Gerät in einem Mikrocontrollerkreis verwendet werden kann.

Wie Abbildung 5.4 zeigt, beinhaltet MCP2515 zwei Empfangspuffer mit mehreren Akzeptanzfiltern. Außerdem gibt es einen separaten Message Assembly Buffer (MAB), der als dritter Puffer fungiert, wobei dieser Puffer die Textnachrichten vom Bus empfängt. Der MAB fasst alle empfangenen Nachrichten zusammen, die nur dann zu den Puffern RXB0 und RXB1 übertragen werden, wenn die Kriterien des Akzeptanzfilters erfüllt sind. Die im MAB eingegangenen Nachrichten gelangen zuerst auf die Maske und die Filter von RXB0. Die MCU greift auf einen Puffer zu, während der andere Puffer für den Nachrichtenempfang oder für das Festhalten einer früher empfangenen Nachrichten zur Verfügung steht. RBX0 ist der Puffer mit höherer Priorität. Er hat eine Maske und zwei Akzeptanzfilter. RXB1 ist der Puffer mit niedrigerer Priorität, und er besitzt eine Maske und vier Akzeptanzfilter. Eine Nachricht wird zuerst auf die RB0 Maske und die Filter gegeben. RX0BF und RX1BF sind Empfangspuffer und können benutzt werden, um anzuzeigen, ob eine gültige Nachricht auf RXB0 bzw. auf RXB1 geladen wurde. Der INT-Pin gibt aus vielen unterschiedlichen Gründen ein Interrupt-Signal auf die MCU. Tritt ein Interrupt auf, sollten wir die Art dieses Signals feststellen, ob es auf einen Dateneingang, eine Fehlermeldung oder einen anderen Grund zurückzuführen ist.

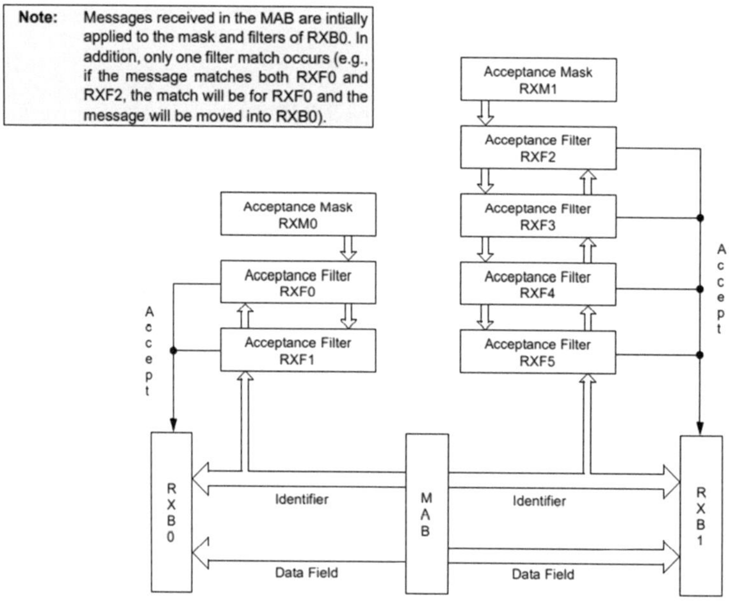

Abbildung 5.4: Empfangspuffer (Receive Buffers) von MCP2515

Die Nachrichten- Akzeptanzfilter oder -masken werden benutzt, um festzulegen, ob eine im MAB (Message Assembly Buffer) befindliche Nachricht zu einem der Empfangspuffer weitergeleitet werden soll. Sobald im MAB eine gültige Nachricht ankommt, werden die Identifier-Felder der Nachricht mit den Filterwerten verglichen. Besteht Übereinstimmung, wird diese Nachricht zum betreffenden Empfangspuffer weitergegeben. Tabelle 5.1 zeigt die Wahrheitstabelle mit dem passenden Masken- und Filteralgorithmus.

Maskenbit n	Filterbit n	Nachrichten- Identifier-Bit	Annehmen oder zurückweisen
0	X	X	annehmen
1	0	0	annehmen
1	0	1	zurückweisen
1	1	0	zurückweisen
1	1	1	annehmen

Tabelle 5.1: Wahrheitstabelle mit Masken- und Filter-Übereinstimmung

Wenn das Maskenbit 0 ist, werden die Filter-ID und Nachrichten-ID nicht geprüft. Nachstehend finden Sie Bespiele für die Einstellung der Akzeptanz-Masken und –Filter.

Beispiel

Es ist notwendig, CAN-Frames von den Knoten 1, 2, 3 und 4 zu empfangen. Welches sind die erforderlichen Masken- und Filterwerte?

Lösung

Notieren Sie die Binärwerte der benötigten IDs:

ID1 = 00000000001
ID2 = 00000000010
ID3 = 00000000011
ID5 = 00000000100

Stellen Sie Filter und Maske so ein, dass die Bits der ID, die mit allen gewünschten IDs gemeinsam sind ignoriert werden. Also müssen die Bits des Maskenregisters auf 1 gesetzt werden, wenn die ID-Bits gleich sind. Somit haben wir:

MASKE: 11111111000

Diese Maske veranlasst den Filter, die drei LSB-Bits, die nicht gemeinsam sind, zu ignorieren. Setzen Sie jetzt den Filter auf einen Wert, der mit jedem der gemeinsamen IDs übereinstimmt, z.B. auf 00000000001

Die erforderlichen Einstellungen sind somit:

MASKE: 11111111000
FILTER: 00000000001

Beispiel
Es ist notwendig, nur CAN-Frames von ID 1 zu empfangen. Welches sind dafür die Filter- und Maskenwerte?

Lösung
ID1 = 00000000001

Die erforderliche Filtereinstellung ist: 00000000001
Die erforderliche Maskeneinstellung ist: 11111111111

Mit alles 1en wird jedes Bit des Filters benutzt, um eingehende IDs zu prüfen.

5.2.2 Das TJA1050 CAN-Transceiverchip

Das CAN-Transceiverchip ist das Schnittstellenchip zwischen CAN-Controllerchip und den physischen CAN-Drähten. Die Grundeigenschaften dieses Chips sind:

- +5 V Betrieb
- Kompatibel mit der Norm ISO 11898
- Differential-Receiver
- Spannungsloser Knoten stört nicht die Busleitungen
- Sendedaten-dominante Timeout-Funktion
- Bus-Pins sind bei Fahrzeuganwendungen vor Versorgungsschwankungen geschützt
- Eingangspegel sind mit 3,3 V und 5 V Geräten kompatibel
- Thermisch geschützt
- Es können mindestens 110 Knoten angeschlossen werden
- 50 mA Versorgungsstrom im dominanten Betrieb, 5 mA im rezessiven Betrieb

In den nächsten Kapiteln werden Sie mit dem Gebrauch des CAN-Bus Schnittstellenmoduls in Projekten mit Arduino Uno und Raspberry Pi bekannt gemacht.

Kapitel 6 • CAN-Bus Projekte mit Arduino Uno

6.1 Übersicht

Dieses Kapitel beschreibt Schritt für Schritt die Entwicklung von Projekten mit der Entwicklungsplatine Arduino Uno, die über CAN-Bus Schnittstellenmodule an den CAN-Bus angebunden sind.

6.2 CAN-Bus Schnittstelle Arduino Uno

Das CAN-Bus Schnittstellenmodul wird vom Mikrocontroller SPI-Bus gesteuert. Arduino Uno hat die folgenden SPI-Bus-Pins (Abbildung 6.1):

MOSI	Pin 11
MISO	Pin 12
SCK	Pin 13
SS	Pin 10

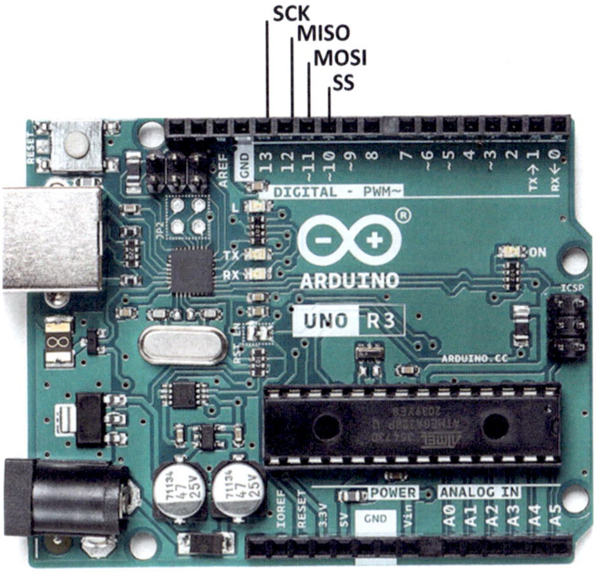

Abbildung 6.1: SPI-Pins an Arduino Uno

6.3 Projekt 1: Einfache CAN-Bus Kommunikation von Arduino zu Arduino

Beschreibung: In diesem einfachen Beispiel benennen Sie Zwei Arduino Unos als **GENERATOR** und **SQUARER** und schließen sie an einen CAN-Bus an (d.h. Sie haben zwei Knoten mit den Bezeichnungen **GENERATOR** und **SQUARER**). Der Knoten **GENERATOR** erzeugt beliebige ganze Zahlen zwischen 1 und 20 und sendet sie zu dem Knoten **SQUARER**, wo von den empfangenen Zahlen das Quadrat gebildet und das Ergebnis auf dem Serial Monitor des IDE angezeigt wird. Das Ziel dieses Projekts ist zu zeigen, wie zwei Arduino Unos an einen CAN-Bus angebunden werden können.

Blockdiagramm: Abbildung 6.2 zeigt das Blockdiagramm des Projekts mit den zwei Arduino Unos, zwei CAN-Bus Schnittstellenmodulen und der CAN-Busleitung.

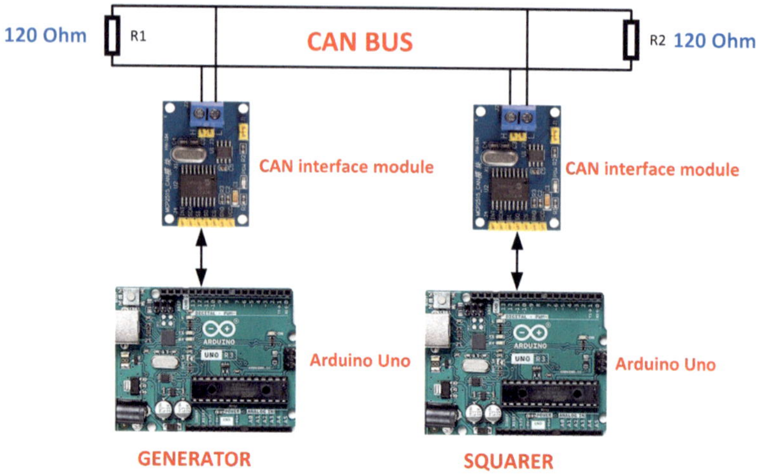

Abbildung 6.2: Blockdiagramm des Projekts

Schaltbild: Das Schaltbild des Projekts ist in Abbildung 6.3 zu sehen. Zu beachten ist, dass die Verbindung zum CAN-Bus über die Schraubklemme J2 erfolgt, so dass der 120 Ω Widerstand der Platine nicht benutzt wird (Sie hätten auch den Abschlusswiderstand der Platine benutzen können, indem Sie die Kurzschlussbrücke J1 verwendet und die Busleitungen mit Jumper J3 statt J2 verbunden hätten). Da sowohl Arduino Uno als auch das CAN-Schnittstellenmodul für +5 V geeignet sind, wird kein Spannungswandler-Chip benötigt. Bei diesem Projekt wurde ein 1 m langes verdrilltes Leitungspaar mit einem 120 Ω Abschlusswiderstand an jedem Ende verwendet.

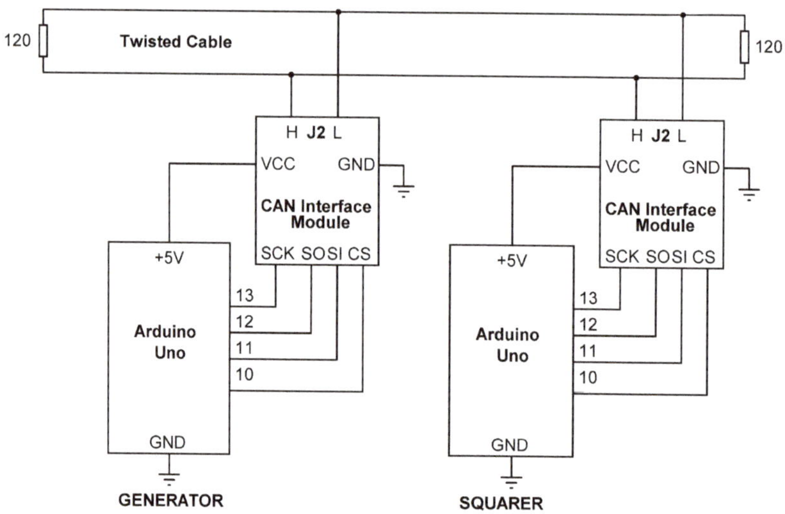

Abbildung 6.3: Schaltbild zu diesem Projekt

CAN-Bus Library

Bevor sie die Programme für den **Generator** und **Squarer** schreiben können, müssen Sie für Ihr Arduino-IDE eine CAN-Bus Library installieren. Im Internet sind mehrere CAN-Bus Libraries zu finden. Für die Arduino-Projekte in diesem Buch wird die MCP2515 CAN-Bus Library verwendet, die auf folgender Webseite zu finden ist (eine Kopie steht im Software Support Archive zu diesem Buch zur Verfügung):

https://github.com/autowp/arduino-mcp2515/

Die Arbeitsschritte zur Installation der Library im Arduino-IDE sind:

- Laden Sie die ZIP-Datei von der folgenden Seite herunter:

  https://github.com/autowp/arduino-mcp2515/archive/master.zip

- Starten Sie Ihr Arduino-IDE
- Klicken Sie auf **Sketch → Include Library → Add ZIP Library**... und gehen Sie zur gerade heruntergeladenen Zip-Datei
- Starten Sie erneut Ihr Arduino-IDE
- Jetzt sollten Sie Beispieldateien im Ordner Examples sehen.

Am Anfang Ihres Programms sollten Sie die folgenden zwei Header-Dateien einfügen:

```
#include <SPI.h>
#include <mcp2515.h>
```

Funktionen der CAN-Bus Library

Im Normalfall wird davon ausgegangen, dass das CS (Chip Select) der seriellen peripheren Schnittstelle (SPI) an Pin 10 des Arduino Uno angeschlossen wird. Beispielsweise wird folgende Funktion benutzt, um den SPI CS-Pin zu bestimmen:

```
MCP2515 mcp2515(10);
```

Betriebsarten

Die folgenden Betriebsarten stehen zur Verfügung:

```
mcp2515.setNormalMode();
mcp2515.setLoopbackMode();
mcp2515.setListenOnlyMode();
```

Die folgende Funktion wird verwendet, um auf Normalbetrieb zu schalten:

```
mcp2515.setNormalMode();
```

Loopback ist ein Feature, das ermöglicht, dass der CAN-Controller mit sich selbst kommuniziert, ohne etwas über den Bus zu senden.

Im Modus „Listen Only" bestätigt das CAN-Modul keinerlei Nachricht auf dem Bus, liest die Nachricht jedoch im Stillen. Diese Funktionsweise ist für die Busüberwachung hilfreich.

Baudraten

Die folgenden Baudraten stehen zur Verfügung:

```
enum CAN_SPEED {
    CAN_5KBPS,
    CAN_10KBPS,
    CAN_20KBPS,
    CAN_31K25BPS,
    CAN_33KBPS,
    CAN_40KBPS,
    CAN_50KBPS,
    CAN_80KBPS,
    CAN_83K3BPS,
    CAN_95KBPS,
    CAN_100KBPS,
    CAN_125KBPS,
    CAN_200KBPS,
    CAN_250KBPS,
    CAN_500KBPS,
    CAN_1000KBPS
};
```

Folgende Funktion wird benutzt, um die Baudrate auf 125 kbit/s einzustellen:

```
mcp2515.setBitrate(CAN_125KBPS);
```

Taktfrequenz

Die Taktfrequenz (Clock Speed) beträgt im Normalfall 16 MHz. Verfügbare Taktfrequenzen sind:

```
enum CAN_CLOCK {
    MCP_20MHZ,
    MCP_16MHZ,
    MCP_8MHZ
}
```

CANframe

Der CAN-Frame enthält folgende Elemente:

```
struct can_frame {
    uint32_t can_id;  /* 32 bit CAN_ID + EFF/RTR/ERR flags */
    uint8_t  can_dlc;
    uint8_t  data[8];
};
```

Senden von Daten

Die folgende Funktion dient dazu, Daten auf dem Bus zu senden:

```
mcp2515.sendMessage(&frame);
```

Der Frame kann beispielsweise folgende Struktur haben mit Standardframe (can_id = 0x0000) und 4 Bytes an Daten, die zu senden sind:

```
struct can_frame frame;
frame.can_id = 0x0000;
frame.can_dlc = 4;
frame.data[0] = 0xFF;
frame.data[1] = 0xFF;
frame.data[2] = 0xFF;
frame.data[3] = 0xFF;
```

Empfangen von Daten

Die folgende Funktion dient dazu, Daten auf dem Bus zu empfangen:

```
mcp2515.readMessage(&frame)
```

Der Rahmen befindet sich dabei in der Sendefunktion. Zu beachten ist, dass mit dieser Funktion nur Frames empfangen werden können, welche die Masken- und Filteranforderungen erfüllen

Empfangsmasken und Empfangsfilter

Auf dem Controller-Chip gibt es zwei Empfangsmasken-Register und fünf Empfangsfilter-Register (auch als **Akzeptanzfilter** bezeichnet), die dafür sorgen, dass Sie die Daten vom Zielgerät erhalten. Hilfreich sind sie besonders in einem großen Netzwerk mit vielen Knoten.

MASK mask repräsentiert eine von zwei Masken. Z.B. steht **MCP2515::MASK0** für die MASK1 und **MCP2515::MASK2** steht für MASK2.

RXF num repräsentiert eines von sechs Akzeptanzfilter-Registern von **MCP2515::RXF0** bis **MCP2515::RXF5**

ext repräsentiert den Status des Frames, wobei ‚false' bedeutet, dass es sich um eine Maske oder ein Filter für ein Standardframe handelt, und ‚true' bedeutet, es ist für einen erweiterten Frame.

ulData repräsentiert den Inhalt von Maske oder Filter.

Knoten: GENERATOR - Auflistung des Programms

Abbildung 6.4 stellt die Programmliste (Programm: **GENERATOR**) dar. Die erforderlichen Header-Dateien sind im Anfang des Programms enthalten. Dann wird die **MyMSg**-Struktur definiert, um CAN-Framedaten zu speichern, und SPI CS wird auf Pin 10 des Arduino gegeben.

Innerhalb der **setup()**-Funktion wird der SPI-Bus gestartet, MCP2515 wird zurückgesetzt und die Taktfrequenz der Schnittstelle wird auf 8 MHz mit einer Baudrate von 500 kbit/s eingestellt. Auch wird der MCP2515 auf Normalbetrieb eingestellt.

Innerhalb der Hauptprogrammschleife wird die ID des CAN-Busses (**can_id**) auf 0x30 und die Byteanzahl der Nachricht (**can_dlc**) auf 8 eingestellt (obwohl das erste Byte benutzt wird). Es wird eine beliebige ganze Zahl zwischen 1 und 20 erzeugt, die dann mit der Funktion **sendMessage()** über den CAN-Bus geschickt wird. Dieser Vorgang wird nach einer Pause von 5 s wiederholt, wobei eine neue Zufallszahl generiert und zum Knoten **SQUARER** geschickt wird.

```
/*----------------------------------------------------------
                        GENERATOR
                        =========

This program generates random numbers between 1 and 20 and
sends them to the SQUARER program over the CAN bus. The
SQUARER program takes the square of the received numbers
and then displays them on the Serial Monitor

Author: Dogan Ibrahim
File  : GENERATOR
Date  : December 2022
----------------------------------------------------------*/
#include <SPI.h>
#include <mcp2515.h>

#define CS 10
int RandomNumber;

struct can_frame MyMsg;
MCP2515 mcp2515(CS);                            // SPI CS
```

```
void setup()
{
  SPI.begin();
  mcp2515.reset();
  mcp2515.setBitrate(CAN_500KBPS, MCP_8MHZ);  // CAN bus config
  mcp2515.setNormalMode();                    // Normal mode
}

void loop()
{
  RandomNumber = random(1, 21);               // Random number
  MyMsg.can_id = 0x30;                        // CAN ID
  MyMsg.can_dlc = 8;                          // 8 bytes
  MyMsg.data[0] = RandomNumber;               // Number in data[0]
  MyMsg.data[1] = 0x00;                       // Remainders 0
  MyMsg.data[2] = 0x00;
  MyMsg.data[3] = 0x00;
  MyMsg.data[4] = 0x00;
  MyMsg.data[5] = 0x00;
  MyMsg.data[6] = 0x00;
  MyMsg.data[7] = 0x00;

  mcp2515.sendMessage(&MyMsg);                // Send message
  delay(5000);                                // Wait 5 secs
}
```

Abbildung 6.4: Programm: **GENERATOR**

Knoten: SQUARER - Auflistung des Programms

Abbildung 6.5 stellt die Programmliste (Programm: **SQUARER**) dar. Der Anfang und die **detup()** Funktion dieses Programms sind ähnlich wie in Abbildung 6.4, jedoch wird der Serial Monitor bei 9600 Baud initialisiert.

Innerhalb der Hauptprogrammschleife überprüft das Programm, ob sich Nachrichten auf dem CAN-Bus befinden, die dann gelesen werden. In diesem Programm ist eine Nachricht eine ganze Zahl zwischen 1 und 20. Die empfangene Zahl und ihr Quadratwert werden auf dem Serial Monitor angezeigt. Dabei ist zu beachten, dass die Empfangsmasken und Empfangsfilter (auch als Akzeptanzfilter bezeichnet) in diesem Programm nicht benutzt werden. Ohne die Empfangs-Masken und -Filter werden die auf dem Bus übertragenen Nachrichten von allen Knoten empfangen.

```
/*-------------------------------------------------------
                       SQUARER
                       =======

This program receives random numbers between 1 and 20 and
takes the square of these numbers and then displays the
numbers on the Serial Monitor

Author: Dogan Ibrahim
File  : Squarer
Date  : December 2022
---------------------------------------------------------*/
#include <SPI.h>
#include <mcp2515.h>

#define CS 10
int ReceivedNumber;

struct can_frame MyMsg;
MCP2515 mcp2515(CS);                                // SPI CS

void setup()
{
  Serial.begin(9600);                               // Serial Monitor
  Serial.println("CAN BUS");
  SPI.begin();
  mcp2515.reset();
  mcp2515.setBitrate(CAN_500KBPS, MCP_8MHZ);        // CAN config
  mcp2515.setNormalMode();                          // Normal mode
}

void loop()
{
  if(mcp2515.readMessage(&MyMsg) == MCP2515::ERROR_OK)
  {
    ReceivedNumber = MyMsg.data[0];
    Serial.print("Received Number is: ");
    Serial.println(ReceivedNumber);
    Serial.print("Square is: ");
    Serial.println(ReceivedNumber * ReceivedNumber);
    Serial.println("");
  }
}
```

Abbildung 6.5: Programm: **SQUARER**

Test des Projekts: Bauen Sie das Projekt auf, wie im Schaltbild dargestellt, und schalten Sie beide Arduino Unos ein. Starten Sie den Serial Monitor des Knotens **SQUARER**. Sie sollten jetzt die empfangenen Zahlen und ihre Quadratwerte alle 5 s angezeigt bekommen. Ein Beispiel zeigt Abbildung 6.6. Der Text **CAN BUS** wird am Anfang der Darstellung angezeigt.

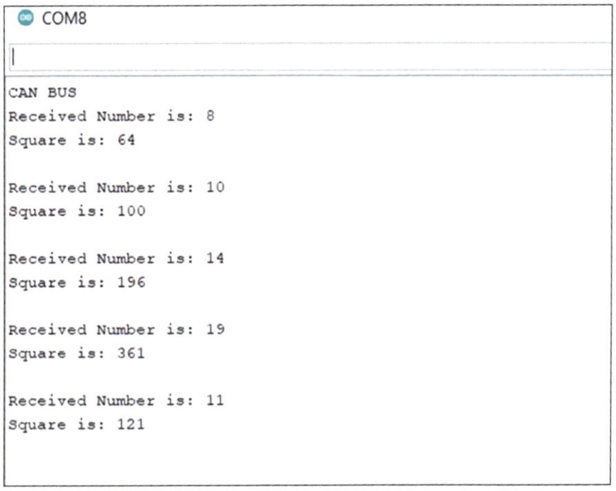

Abbildung 6.6: Beispiel einer Anzeige auf dem Serial Monitor

Aufbau des Projekts: Abbildung 6.7 zeigt das Projekt mit zwei Arduino Uno, zwei CAN-Bus Schnittstellenmodulen und dem CAN-Bus. Beachten Sie, dass der INT-Pin der CAN-Bus Schnittstellenmodulen nicht benutzt wird.

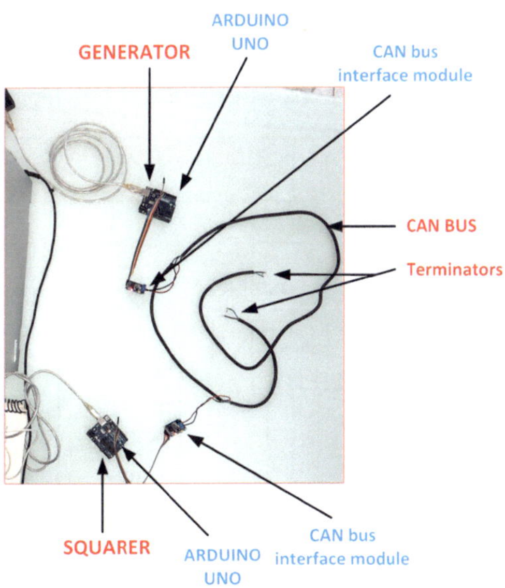

Abbildung 6.7: Aufbau des Projekts

6.4 Projekt 2: Drucktaste und LED

Beschreibung: Bei diesem Projekt kommunizieren zwei Arduino Unos über den CAN-Bus, ähnlich wie in dem vorherigen Projekt. Hier wird am Knoten **SENDER** eine Drucktaste und am Knoten **RECEIVER** eine LED angeschlossen. Durch Drücken der Taste wird die LED am Knoten **RECEIVER** 5 s lang eingeschaltet.

Blockdiagramm: Abbildung 6.8 zeigt das Blockdiagramm für dieses Projekt.

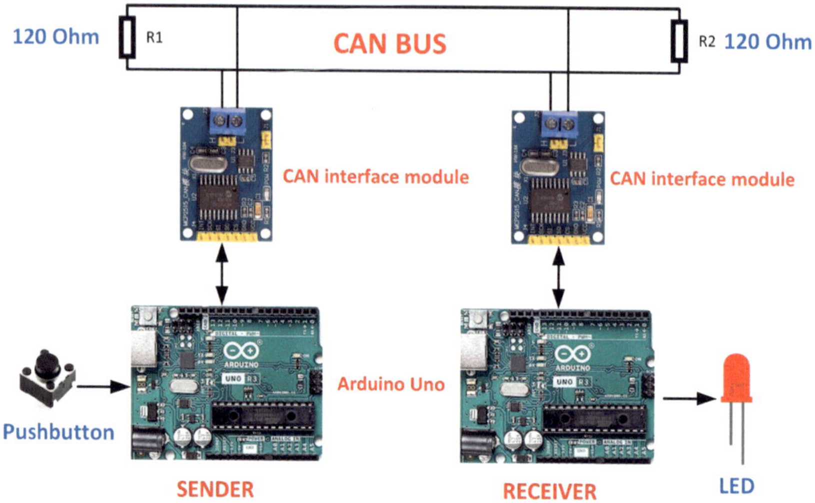

Abbildung 6.8: Blockdiagramm des Projekts

Schaltbild: Das Schaltbild für dieses Projekt ist in Abbildung 6.9 zu sehen. Die Drucktaste ist an Stift 2 des Knotens **SENDER** angeschlossen. Die LED ist über einen 1 kΩ Strombegrenzungswiderstand an Pin 2 des Knotens **RECEIVER** angeschlossen.

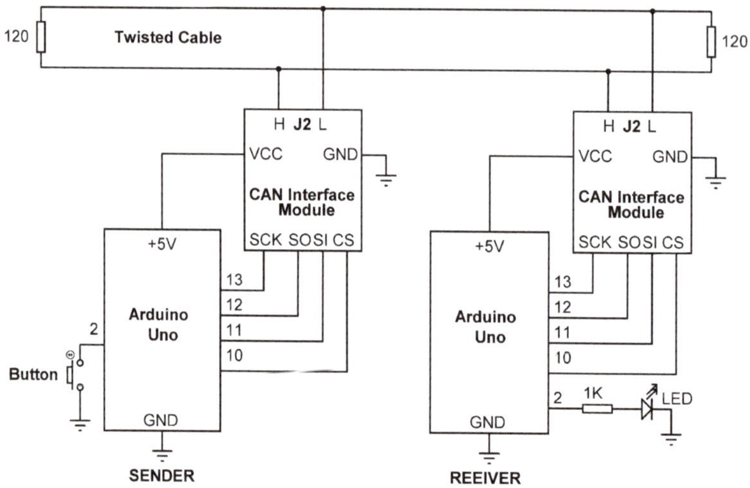

Abbildung 6.9: Schaltbild für das Projekt

Knoten: SENDER - Auflistung des Programms

Abbildung 6.10 stellt die Programmliste (Programm: **SENDER**) dar. Die Anfangsteile des Programms sind ähnlich wie bei dem in Abbildung 6.4 gezeigten Programms. Hier ist Pin 2, an den die Drucktaste angeschlossen ist, als Eingangs-Port mit dem aktivierten Pullup-Widerstand konfiguriert, so dass der Ausgangszustand der Drucktaste den Logikpegel 1 hat. Innerhalb der Hauptprogrammschleife wird der Zustand des Schalters überprüft. Ist die Drucktaste gedrückt (d.h. **Button** ist 0), dann sendet der Knoten **SENDER** die Zahl 1 über den CAN-Bus. Andernfalls wird die Zahl 0 übertragen. Wenn der Knoten **RECEIVER** den Wert 1 empfängt, schaltet er die LED 5 s lang ein. Dieser Vorgang wird so lange ständig wiederholt, bis er vom Anwender gestoppt wird.

```
/*----------------------------------------------------------
                        SENDER
                        ======

In this program a button is connecte to pin 2 of node
SENDER. Pressing the button sends logic 1 to node RECEIVER
where the LED at node RECEIVER is turned on for 5 seconds.
The button is pulled-up in software

Author: Dogan Ibrahim
File  : SENDER
Date  : December 2022
----------------------------------------------------------*/
#include <SPI.h>
#include <mcp2515.h>

#define CS 10
int Button= 2;

struct can_frame MyMsg;
MCP2515 mcp2515(CS);

void setup()
{
  SPI.begin();
  mcp2515.reset();
  mcp2515.setBitrate(CAN_500KBPS, MCP_8MHZ);
  mcp2515.setNormalMode();
  pinMode(Button, INPUT_PULLUP);          // Pullup button
}

void loop()
{
  while(digitalRead(Button) == 1);        // Wait if not pressed
  while(digitalRead(Button) == 0);        // Wait until released
```

```
    MyMsg.can_id = 0x30;
    MyMsg.can_dlc = 8;
    MyMsg.data[0] = 1;                         // Load 1
    MyMsg.data[1] = 0x00;
    MyMsg.data[2] = 0x00;
    MyMsg.data[3] = 0x00;
    MyMsg.data[4] = 0x00;
    MyMsg.data[5] = 0x00;
    MyMsg.data[6] = 0x00;
    MyMsg.data[7] = 0x00;

    mcp2515.sendMessage(&MyMsg);               // Send message
    delay(10);
  }
```

Abbildung 6.10: Programm: **SENDER**

Knoten: RECEIVER - Auflistung des Programms

Abbildung 6.11 stellt die Programmliste (Programm: **RECEIVER**) dar. Port 2, an dem die LED angeschlossen ist, ist als Ausgang konfiguriert. Die LED wird am Beginn des Programms ausgeschaltet. Wenn über den CAN-Bus die Zahl 1 empfangen wird, wird die LED für 5 s ein- und danach wieder ausgeschaltet .

```
/*----------------------------------------------------------
                      RECEIVER
                      ========

In this program an LED is connected to port pin 2. The LED
is turned ON for 5 seconds when the button at node SENDER
is pressed

Author: Dogan Ibrahim
File  : RECEIVER
Date  : December 2022
-----------------------------------------------------------*/
#include <SPI.h>
#include <mcp2515.h>

#define CS 10
int ReceivedMessage;
int LED = 2;                                      // LED at port 2

struct can_frame MyMsg;
MCP2515 mcp2515(CS);
```

```
void setup()
{
  SPI.begin();
  mcp2515.reset();
  mcp2515.setBitrate(CAN_500KBPS, MCP_8MHZ);  // Config CAN bus
  mcp2515.setNormalMode();                    // Normal mode
  pinMode(LED, OUTPUT);                       // LED is output
  digitalWrite(LED, 0);                       // LED OFF
}

void loop()
{
  if(mcp2515.readMessage(&MyMsg) == MCP2515::ERROR_OK)
  {
    ReceivedMessage = MyMsg.data[0];          // Received data
    if(ReceivedMessage == 1)                  // If 1 is received
    {
      digitalWrite(LED, 1);                   // Turn ON LED
      delay(5000);                            // Wait 5 seconds
      digitalWrite(LED, 0);                   // Turn OFF LED
    }
    else
      digitalWrite(LED, 0);
  }
}
```

Abbildung 6.11: Programm: **RECEIVER**

Test des Projekts: Bauen Sie das Projekt auf, wie im Schaltbild dargestellt, und schalten Sie beide Arduino Unos ein. Drücken Sie die Drucktaste, worauf die LED für 5 s eingeschaltet werden sollte.

Aufbau des Projekts: Abbildung 6.12 zeigt das auf zwei Lochrasterplatinen (eine für jeden Knoten) aufgebaute Projekt.

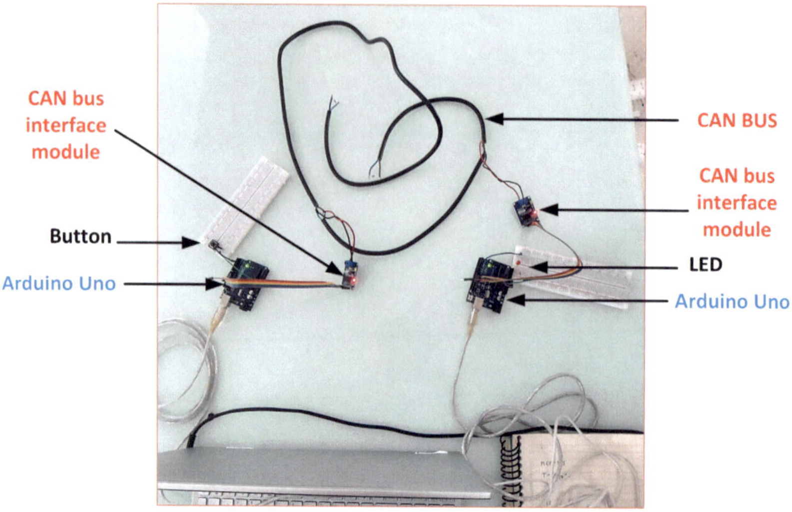

Abbildung 6.12: Aufbau des Projekts

6.5 Projekt 3: Drucktaste und LED mit CAN-Bus Interrupts

Beschreibung: Dieses Projekt ist ähnlich wie das vorherige Projekt, doch werden hier CAN-Bus Interrupts benutzt, um Daten zu empfangen, statt den Bus regelmäßig abzufragen (polling).

Blockdiagramm: Das Blockdiagramm des Projekts ist gleich wie in Abbildung 6.8, doch hat der Knoten **RECEIVER** hier den Namen **RECEIVERINT**.

Schaltbild: Das Schaltbild für dieses Projekt ist in Abbildung 6.13 zu sehen. Es ist sehr ähnlich der Darstellung in Abbildung 6.9. Hier wird jedoch Pin 3 des Knotens **RECEIVER** (in diesem Projekt **RECEIVERINT** genannt) als externer Interrupt-Pin benutzt und ist an den Pin **INT** des CAN-Bus Schnittstellenmoduls angeschlossen. Es ist wichtig, daran zu denken, dass die Pins 2 und 3 von Arduino Uno als externe Interrupt-Pins verwendet werden können.

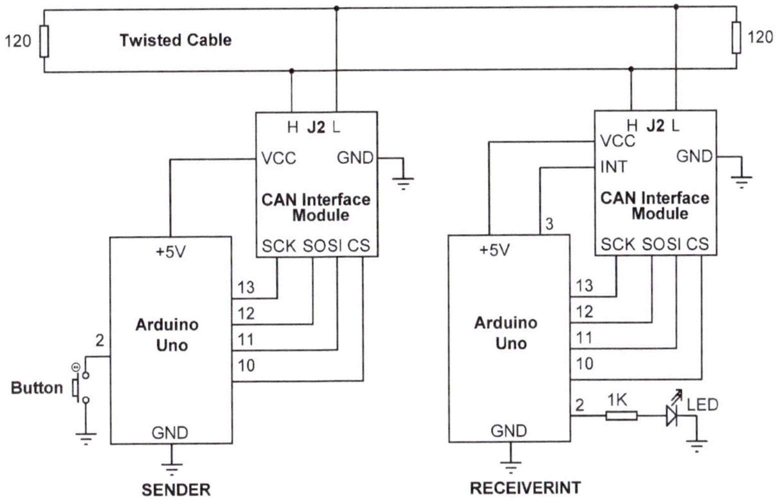

Abbildung 6.13: Schaltbild des Projekts

Sender Arduino Uno - Programmauflistung

Dieses Programm ist genau das gleiche wie Programm: **Sender** in Abbildung 6.10.

ReceiverInt Arduino Uno - Programmauflistung

Abbildung 6.14 zeigt die Auflistung des Programms (Programm: **ReceiverInt**). Port 2, an dem die LED angeschlossen ist, ist als Ausgang konfiguriert, und im Normalzustand ist die LED ausgeschaltet. Port 3 dient als externer Interrupt-Pin, und die Funktion **attachInterrupt()** wird benutzt, um Pin 3 mit den CAN-Bus Interrupts zu verbinden, deren Interrupt-Serviceroutine als Funktion **MyISR()** bezeichnet ist. Wenn vom CAN-Bus Schnittstellenmodul Daten empfangen werden, wird an Pin 3 von Arduino Uno ein Interrupt erzeugt. Das Programm springt dann auf die Funktion **MyISR().** Innerhalb dieser Funktion wird der Typ des Interrupts überprüft, und wenn es vom Empfangspuffer **RX01F** stammt, wird die Nachricht gelesen, und dem ersten Byte der Nachricht wird eine variable **Flag** (Markierung) zugeordnet. Diese **Flag** ist entweder 0 oder 1. Hat die **Flag** den Wert 1, wird die LED innerhalb der Hauptprogrammschleife für 5 s eingeschaltet.

Zu beachten ist, dass bei der Weiterleitung einer Nachricht in einen der Empfangspuffer **RXB0** oder **RXB1** das entsprechende **RXnIF**-Bit (**CANINTF**) gesetzt wird. Es empfiehlt sich, keinen Delay-Code innerhalb der Interrupt-Serviceroutine zu haben.

```
/*----------------------------------------------------------
                      RECEIVERINT
                      ===========

This program receives command from node SENDER. The program
is interrupt driven. When a message is received over the CAN
bus, an external interrupt is generated where the command is
```

```
read.If the comamnd is 1 then the LED is turned ON for 5 seconds

Author: Dogan Ibrahim
File  : RECEIVERINT
Date  : December 2022
----------------------------------------------------------*/
#include <SPI.h>
#include <mcp2515.h>

#define CS 10
int LED = 2;
int InterruptPin = 3;
int irq;
volatile int flag = 0;

struct can_frame MyMsg;
MCP2515 mcp2515(CS);

//
// Interrupt service routine
//
void MyISR()
{
  irq = mcp2515.getInterrupts();                // Get type of interrupt
  if(irq & MCP2515::CANINTF_RX0IF)              // RX0IF ?
  {
    if(mcp2515.readMessage(MCP2515::RXB0, &MyMsg) == MCP2515::ERROR_OK)
    {
       mcp2515.clearInterrupts();               // Clear MCP2515 interrupts
       flag = MyMsg.data[0];                    // Assign to flag
    }
  }
}

//
// CAN interfce module configuration and interrupt config on pin 3
//
void setup()
{
  SPI.begin();
  mcp2515.reset();
  mcp2515.setBitrate(CAN_500KBPS, MCP_8MHZ);    // CAN bus configure
  mcp2515.setNormalMode();                      // Normal mode
  pinMode(LED, OUTPUT);                         // LED is output
  digitalWrite(LED, 0);                         // LED is OFF
```

```
  pinMode(InterruptPin, INPUT_PULLUP);
  attachInterrupt(digitalPinToInterrupt(InterruptPin), MyISR, FALLING);
}

void loop()
{
  if(flag == 1)                          // If interrupt and 1 received
  {
    flag = 0;
    digitalWrite(LED, 1);                // LED ON
    delay(5000);                         // 5 seconds delay
    digitalWrite(LED, 0);                // LED OFF
  }
}
```

Abbildung 6.14: Programm: **RECEIVERINT**

Test des Projekts: Bauen Sie das Projekt auf, wie im Schaltbild dargestellt, und schalten Sie beide Arduino Unos ein. Drücken Sie die Drucktaste, worauf die LED für 5 s eingeschaltet werden sollte.

6.6 Projekt 4: Temperatur-Fernalarm

Beschreibung: Dieses Projekt enthält zwei Knoten mit den Bezeichnungen **SENSOR** und **ALARM**. Am Knoten **SENSOR** ist ein Temperaturfühler angeschlossen, der die Umgebungstemperatur misst und eine Nachricht zum Knoten **ALARM** sendet. Steigt die Temperatur über einen voreingestellten Wert (z.B. 30 C), wird an den Knoten **ALARM** eine entsprechende Meldung gegeben. Am Knoten **ALARM** befindet sich ein Summer, der aktiviert wird, wenn die empfangene Meldung anzeigt, dass die Temperatur über den voreingestellten Wert angestiegen ist. Dieser Ablauf wird ständig wiederholt.

Blockdiagramm: Das Blockdiagramm des Projekts zeigt Abbildung 6.15.

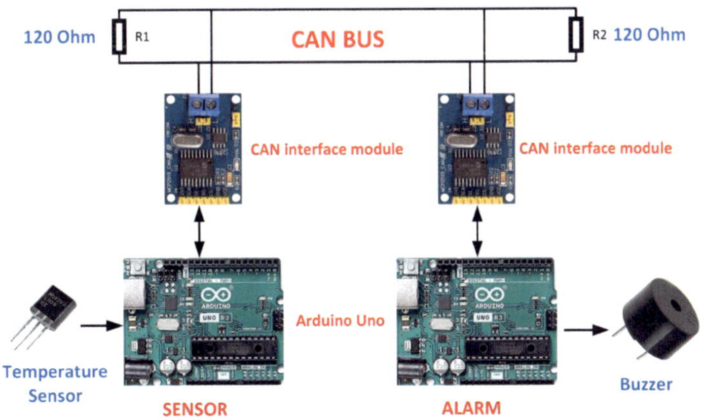

Abbildung 6.15: Blockdiagramm des Projekts

Schaltbild: Bei diesem Projekt wird die Umgebungstemperatur mit einem analogen Temperaturfühler-Chip des Typs LM35DZ (Abbildung 6.16) gemessen, der an den analogen Eingang A0 des Knotens **SENSOR** angeschlossen ist. Der Sensor-Chip LM35DZ hat 3 Pins: Spannungsversorgung (Vs), Erde (GND) und Ausgangsspannung (Vout). Die Ausgangsspannung ist proportional der gemessenen Temperatur und ergibt sich aus Vo = 10 mV/°C. Damit beträgt die Ausgangsspannung z.B. 200 mV bei 20°C, 300 mV bei 30°C usw. Spannung erhält der Temperaturfühler-Chip durch Anschluss seines Vs-Pins an +5 V des Arduino Uno. Ein kleiner piezoelektrischer Summer ist an Pin 2 des Arduino Uno am Knoten **ALARM** angeschlossen. Abbildung 6.17 zeigt das Schaltbild für dieses Projekt.

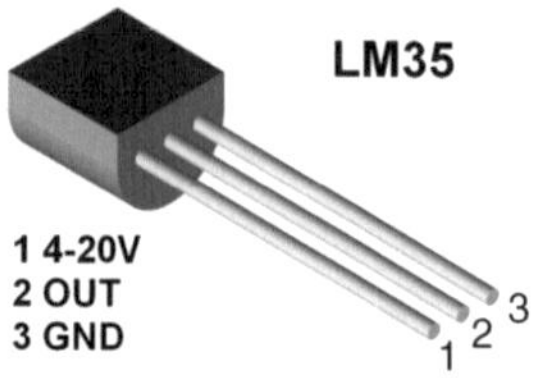

Abbildung 6.16: Temperaturfühler-Chip LM35DZ

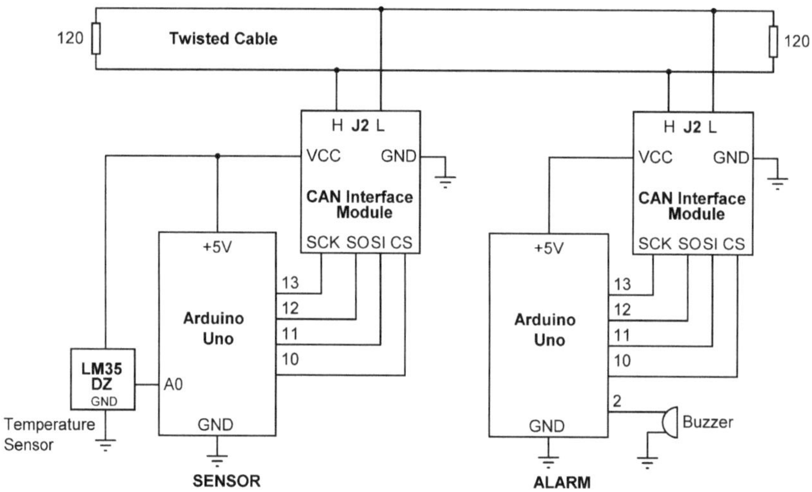

Abbildung 6.17: Schaltbild des Projekts

Knoten: SENSOR - Aufistung des Programms

Abbildung 6.18 stellt die Programmliste des Knotens **SENSOR** (Programm: **SENSOR**) dar. Die erforderlichen Header-Dateien sind am Anfang des Programms eingefügt. Innerhalb der **setup()**-Funktion wird der CAN-Bus konfiguriert. Der ADC-Wandler auf Arduino Uno ist 10 Bit breit, d.h er hat 1024 Stufen. Die ADC-Referenzspannung beträgt 5 V (5000 mV). Deshalb müssen die vom ADC ausgelesenen Daten mit 5000/1024 multiplizieren werden, um den Wert in die tatsächliche Spannung in mV umzuwandeln. Diese Spannung wird dann durch 10 dividiert, um die Temperatur in °C zu erhalten. Dieser Temperaturwert wird dann zu einem ganzzahligen Wert gerundet, in Byte 0 der Arraydaten geladen und über den CAN-Bus gesendet.

```
/*--------------------------------------------------------
                    SENSOR
                    ======

This program reads the ambient temperature and sends it to
node ALARM. If the temperature is above a preset value then
node ALARM activates a buzzer

Author: Dogan Ibrahim
File  : SENSOR
Date  : December 2022
---------------------------------------------------------*/
#include <SPI.h>
#include <mcp2515.h>

#define CS 10
int T = A0;
int val = 0;
float temp;

struct can_frame MyMsg;
MCP2515 mcp2515(CS);                        // SPI CS

void setup()
{
  SPI.begin();
  mcp2515.reset();
  mcp2515.setBitrate(CAN_500KBPS, MCP_8MHZ);  // CAN bus config
  mcp2515.setNormalMode();                    // Normal mode
}

void loop()
{
  val = analogRead(T);
  temp = val * 5000.0 / 1024.0;               // Convert to mV
  temp = temp / 10.0;                         // COnvert to degrees C
  MyMsg.can_id = 0x30;                        // CAN ID
  MyMsg.can_dlc = 8;                          // 8 bytes
  MyMsg.data[0] = (int)temp;                  // Temp in data[0]
  MyMsg.data[1] = 0x00;                       // Remainders 0
  MyMsg.data[2] = 0x00;
  MyMsg.data[3] = 0x00;
  MyMsg.data[4] = 0x00;
  MyMsg.data[5] = 0x00;
  MyMsg.data[6] = 0x00;
  MyMsg.data[7] = 0x00;
```

```
  mcp2515.sendMessage(&MyMsg);                    // Send message
  delay(3000);                                    // Wait 3 secs
}
```

Abbildung 6.18: Programm: **SENSOR**

Knoten: ALARM - Auflistung des Programms

Abbildung 6.19 stellt die Programmliste des Knotens **ALARM** (Programm: **ALARM**) dar. Der Temperaturwert ist in diesem Programm auf 22°C voreingestellt. Liegt die Temperatur über diesem Wert, wird der Summer aktiviert, um den Alarmzustand anzuzeigen.

```
/*---------------------------------------------------------
                     ALARM
                     =====

This program received the temperature from node SENSOR.If
thetemperature is above a preset value then a buzzer is
activated. The preset value is set to 22 Degrees C here

Author: Dogan Ibrahim
File  : ALARM
Date  : December 2022
---------------------------------------------------------*/
#include <SPI.h>
#include <mcp2515.h>

#define CS 10
int ReceivedMessage;
int Buzzer = 2;                                   // Buzzer at port 2
int PresetTemp = 22;                              // Preset temperature

struct can_frame MyMsg;
MCP2515 mcp2515(CS);

void setup()
{
  SPI.begin();
  mcp2515.reset();
  mcp2515.setBitrate(CAN_500KBPS, MCP_8MHZ);      // Config CAN bus
  mcp2515.setNormalMode();                        // Normal mode
  pinMode(Buzzer, OUTPUT);                        // Buzzer is output
  digitalWrite(Buzzer, 0);                        // Buzzer OFF
}

void loop()
```

```
{
  if(mcp2515.readMessage(&MyMsg) == MCP2515::ERROR_OK)
  {
    ReceivedMessage = MyMsg.data[0];              // REceived data
    if(ReceivedMessage > PresetTemp)
       digitalWrite(Buzzer, 1);
    else
       digitalWrite(Buzzer, 0);
  }
}
```

Abbildung 6.19: Programm: **ALARM**

Test des Projekts: Bauen Sie das Projekt auf, wie im Schaltbild dargestellt, und schalten Sie beide Arduino Unos ein. Erhöhen Sie die Temperatur am Temperaturfühler-Chip (z.B. durch Berühren des Chips oder durch Platzieren von etwa Heißem in seiner Nähe). Sie sollten nun den Summer hören, sobald die Temperatur gerade über den voreingestellten Wert ansteigt. (Vielleicht wollen Sie die Temperatur auf dem Serial Monitor anzeigen, um sich von der korrekten Funktionsweise des Projekts zu überzeugen.)

6.7 Projekt 5: Temperatur-Abfrage

Beschreibung: Dieses Projekt enthält zwei Knoten mit den Bezeichnungen **TEMPREQ** und **TEMPSENSE**. Der Knoten **TEMPREQ** richtet eine Anfrage an Knoten **TEMPSENSE**, um die Umgebungstemperatur zu erhalten. Als Anfrage werden die Zeichen **T?** gesendet. Der Knoten **TEMPSENSE** sendet die Umgebungstemperatur an Knoten **TEMPREQ**, wo der Temperaturwert auf dem Serial Monitor angezeigt wird. Die Temperatur wird von einem analogen Temperaturfühler-Chip abgelesen. Die Abfrage wird alle 5 min wiederholt.

Blockdiagramm: Das Blockdiagramm des Projekts zeigt Abbildung 6.20.

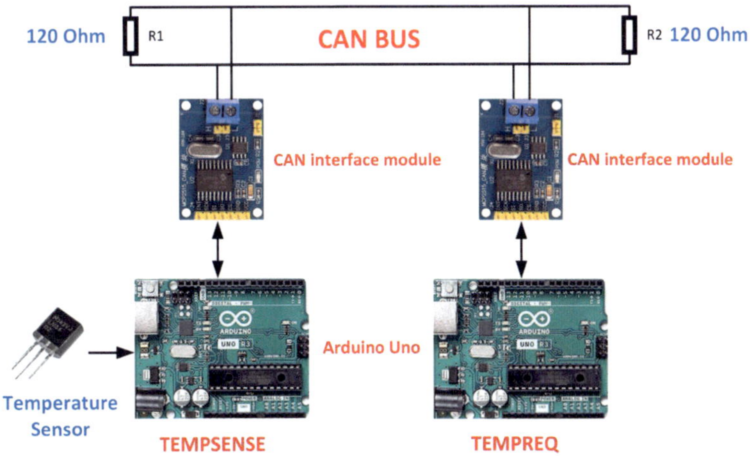

Abbildung 6.20: Blockdiagramm des Projekts

Schaltbild: Das Schaltbild des Projekts ist in Abbildung 6.21 dargestellt. Wie im vorherigen Projekt wird ein LM35DZ Temperaturfühler-Chip an Port A0 von Knoten **TEMPSENSE** angeschlossen.

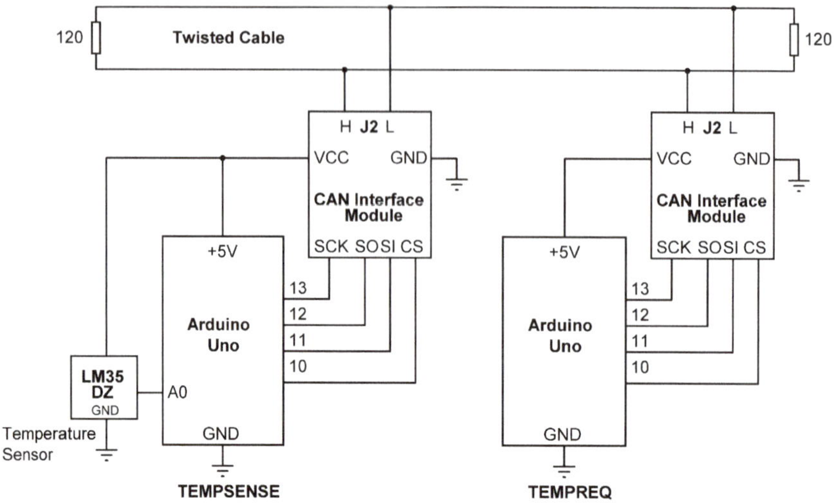

Abbildung 6.21: Schaltbild des Projekt

Knoten: TEMPREQ - Auflistung des Programms

Abbildung 6.22 stellt die Programmliste (Programm: **TEMPREQ**) dar. Die Funktion **setup()** ist ähnlich wie in den vorherigen Programmen mit der Ausnahme, dass hier auch der Serial Monitor verwendet wird. Innerhalb der Hauptprogrammschleife werden Anfragen über den CAN-Bus geschickt, um die Umgebungstemperatur zu erhalten. Als Anfrage werden die Zeichen **T?** gesendet. Bei Erhalt einer Anfrage sendet der Knoten **TEMPSENSE** den Temperaturwert an diesen Knoten, wo der Temperaturwert auf dem Serial Monitor angezeigt wird. Die Abfrage wird alle 5 s wiederholt.

```
/*-------------------------------------------------------
                        TEMPREQ
                        =======

This program sends requests to node TEMPSENSE to read the
ambient temperature. The received temperature is displayed
on the Serial Monitor. A request is the characters T?.
Requests are made at every 5 seconds

Author: Dogan Ibrahim
File  : TEMPREQ
Date  : December 2022
--------------------------------------------------------*/
#include <SPI.h>
#include <mcp2515.h>
```

```
#define CS 10
int ReceivedMessage;

struct can_frame MyMsg;
MCP2515 mcp2515(CS);

void setup()
{
  SPI.begin();
  mcp2515.reset();
  mcp2515.setBitrate(CAN_500KBPS, MCP_8MHZ);      // Config CAN bus
  mcp2515.setNormalMode();                        // Normal mode
  Serial.begin(9600);                             // Serial Monitor
}

void loop()
{
  MyMsg.can_id = 0x30;                            // CAN ID
  MyMsg.can_dlc = 2;                              // 2 bytes
  MyMsg.data[0] = 'T';                            // Load T
  MyMsg.data[1] = '?';                            // Load ?
  mcp2515.sendMessage(&MyMsg);                    // Send message

  if(mcp2515.readMessage(&MyMsg) == MCP2515::ERROR_OK)
  {
    ReceivedMessage = MyMsg.data[0];              // REceived data
    Serial.print("Temperature = ");
    Serial.println(ReceivedMessage);
    Serial.println("");
  }
  delay(5000);                                    // Wait 5 secs
}
```

Abbildung 6.22: Programm: **TEMPREQ**

Knoten: TEMPSENSE - Auflistung des Programms

Abbildung 6.23 stellt die Programmliste (Programm: **TEMPSENSE**) dar. Auch hier ist die Funktion **setup()** ähnlich wie in den vorherigen Programmen. Innerhalb der Hauptprogrammschleife wartet das Programm, bis die Nachricht **T?** empfangen wird. Wenn dies geschieht, wird die Umgebungstemperatur vom Sensor LM35DZ gelesen und an Knoten **TEMPREQ** geschickt, wo der Wert auf dem Serial Monitor angezeigt wird.

```
/*------------------------------------------------------------
                      TEMPSENSE
                      =========

This program gets requests from node TEMPREQ and then sends
the ambient temperature to node TEMPREQ. A request is the
characters T?

Author: Dogan Ibrahim
File  : TEMPSENSE
Date  : December 2022
-------------------------------------------------------------*/
#include <SPI.h>
#include <mcp2515.h>

#define CS 10
int T = A0;
int val = 0;
float temp;
char msg1, msg2;

struct can_frame MyMsg;
MCP2515 mcp2515(CS);                          // SPI CS

void setup()
{
  SPI.begin();
  mcp2515.reset();
  mcp2515.setBitrate(CAN_500KBPS, MCP_8MHZ);  // CAN bus config
  mcp2515.setNormalMode();                    // Normal mode
}

void loop()
{
  if(mcp2515.readMessage(&MyMsg) == MCP2515::ERROR_OK)
  {
    msg1 = MyMsg.data[0];                     // Received data1
    msg2 = MyMsg.data[1];                     // REceived data2

    if(msg1 == 'T' && msg2 == '?')            // If T? received
    {
      val = analogRead(T);
      temp = val * 5000.0 / 1024.0;           // Convert to mV
      temp = temp / 10.0;                     // COnvert to degrees C
      MyMsg.can_id = 0x30;                    // CAN ID
      MyMsg.can_dlc = 1;                      // 1 byte
```

```
        MyMsg.data[0] = (int)temp;              // Temp in data[0]
        mcp2515.sendMessage(&MyMsg);            // Send message
      }
    }
}
```

Abbildung 6.23: Programm: **TEMPSENSE**

Test des Projekts: Bauen Sie das Projekt auf, wie im Schaltbild dargestellt, und schalten Sie beide Arduino Unos ein. Schalten Sie auch den Serial Monitor ein. Die Temperatur sollte nun alle 5 s auf dem Serial Monitor angezeigt werden.

6.8 Projekt 6: Temperaturabfrage mit einer Drucktaste

Beschreibung: Dieses Projekt ist ähnlich dem vorherigen Projekt doch werden die Abfragen hier durch Drücken einer Drucktaste ausgelöst. Zwei Knoten werden in diesem Projekt benutzt: **REQBUTTON** und **TEMPSENSE**. Durch Drücken der Taste **SEND** auf Knoten **REQBUTTON** werden wie im vorherigen Projekt die Zeichen **T?** an Knoten **TEMPSENSE** geschickt. Nach Erhalt einer Anfrage sendet Knoten **TEMPSENSE** den Temperaturwert an Knoten **REQBUTTON**, wo er auf dem Serial Monitor angezeigt wird.

Blockdiagramm: Das Blockdiagramm des Projekts zeigt Abbildung 6.24.

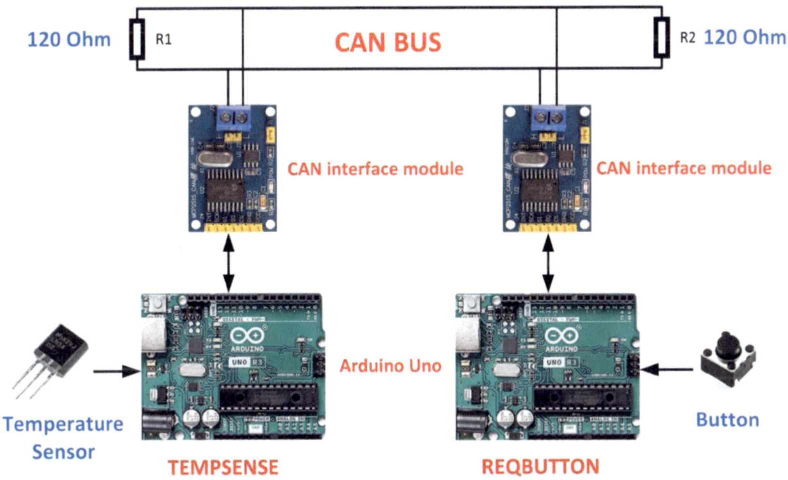

Abbildung 6.24: Blockdiagramm des Projekts

Schaltbild: Das Schaltbild des Projekts ist in Abbildung 6.25 dargestellt. Die Taste **SEND** ist an Port 2 von Knoten **REQBUTTON** angeschlossen und als Eingang mit aktiviertem Pullup-Widerstand konfiguriert.

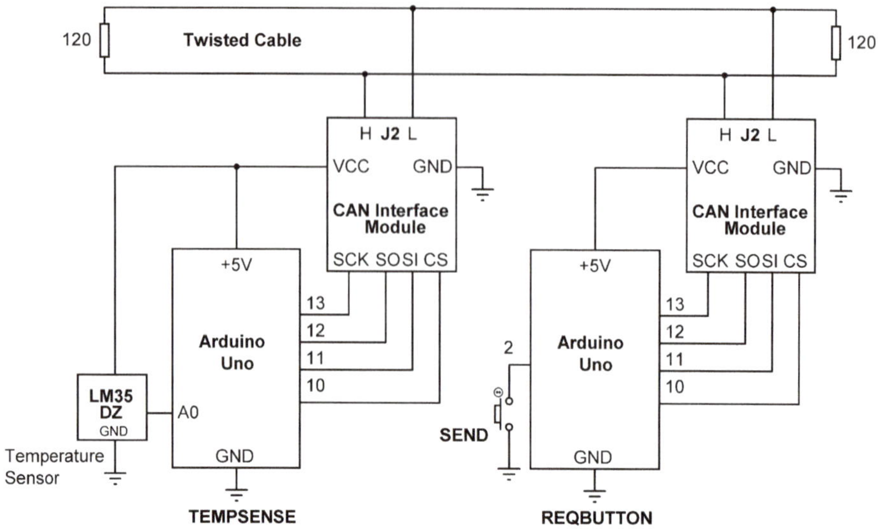

Abbildung 6.25: Schaltbild des Projekts

Knoten: REQBUTTON - Auflistung des Programms

Abbildung 6.26 stellt die Programmliste (Programm: **REQBUTTON**) dar. Die Funktion **setup()** ist ähnlich wie in den anderen vorherigen Programmen, außer dass hier der Serial Monitor ebenfalls eingesetzt wird. Innerhalb der Hauptprogrammschleife wartet das Programm, bis die Taste gedrückt wird und sendet dann über den CAN-Bus eine Anfrage nach der Umgebungstemperatur. Für die Anfrage werden die Zeichen **T?** benutzt Sobald der Knoten **TEMPSENSE** eine Anfrage erhält, sendet er den Temperaturwert an diesen Knoten, wo die Temperatur auf dem Serial Monitor angezeigt wird.

```
/*--------------------------------------------------------
                    REQBUTTON
                    =========

This program sends requests to node TEMPSENSE when a button
is pressed. TEMPSENSE sends the ambient temperature to this
node which then displays the temperature on Serial Monitor

Author: Dogan Ibrahim
File  : REQBUTTON
Date  : December 2022
--------------------------------------------------------*/
#include <SPI.h>
#include <mcp2515.h>

#define CS 10
int ReceivedMessage;
int Button = 2;                                // Button port
```

```
struct can_frame MyMsg;
MCP2515 mcp2515(CS);

void setup()
{
  SPI.begin();
  mcp2515.reset();
  mcp2515.setBitrate(CAN_500KBPS, MCP_8MHZ);      // Config CAN bus
  mcp2515.setNormalMode();                         // Normal mode
  pinMode(Button, INPUT_PULLUP);                   // Button is input
  Serial.begin(9600);                              // Serial Monitor
}

void loop()
{
  while(digitalRead(Button) == 1);                 // Wait until button pressed
  while(digitalRead(Button) == 0);                 // Wait until button is
released
  MyMsg.can_id = 0x30;                             // CAN ID
  MyMsg.can_dlc = 2;                               // 2 bytes
  MyMsg.data[0] = 'T';                             // Load T
  MyMsg.data[1] = '?';                             // Load ?
  mcp2515.sendMessage(&MyMsg);                     // Send message

  if(mcp2515.readMessage(&MyMsg) == MCP2515::ERROR_OK)
  {
    ReceivedMessage = MyMsg.data[0];               // REceived data
    Serial.print("Temperature = ");
    Serial.println(ReceivedMessage);
    Serial.println("");
  }
  delay(10);
}
```

Abbildung 6.26: Programm: **REQBUTTON**

Knoten: TEMPSENSE - Auflistung des Programms
Dieses Programm ist gleich wie in Abbildung 6.23

Test des Projekts: Bauen Sie das Projekt auf, wie im Schaltbild dargestellt, und schalten Sie beide Arduino Unos ein. Schalten Sie auch den Serial Monitor ein. Drücken Sie die Taste **SEND**, um eine Anfrage zu senden und die Temperatur auf dem Serial Monitor anzuzeigen.

6.9 Projekt 7: RGB-Darstellung mit Tasten

Beschreibung: Zwei Knoten werden in diesem Projekt benutzt: **RGBLED** und **BUTTONS**. **RGB** ist ein LED-Modul mit drei eingebauten LEDs, die rotes, grünes und blaues Licht abgeben. Die LED hat einen gemeinsamen Pin (z.B. gemeinsame Kathode), der üblicherweise über einen Strombegrenzungs-Widerstand mit Erde verbunden ist. Der Knoten **BUTTONS** hat drei Drucktasten, die mit R, G und B beschriftet sind. Durch Drücken der Taste R wird ein Befehl zum Knoten **RGBLED** geschickt, der die rote LED leuchten lässt; entsprechend verhält es sich mit den Tasten G und B.

Blockdiagramm: Das Blockdiagramm des Projekts zeigt Abbildung 6.27.

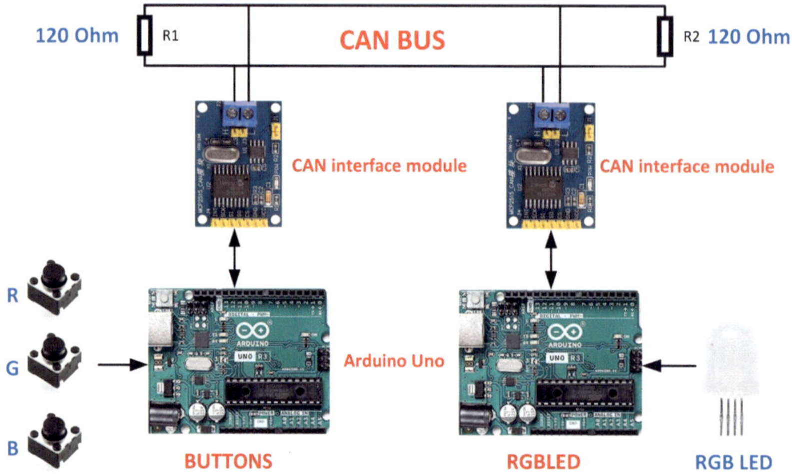

Abbildung 6.27: Blockdiagramm des Projekts

Schaltbild: Das Schaltbild des Projekts ist in Abbildung 6.28 dargestellt. Die Tasten R, G und B sind an die Port-Pins 2, 3 und 4 von Knoten **BUTTONS** angeschlossen. Die Pins Rot, Grün und Blau der RGB-LED sind über einen Strombegrenzungs-Widerstand mit den Port-Pins 2, 3 und 4 von Knoten **RGBLED** verbunden.

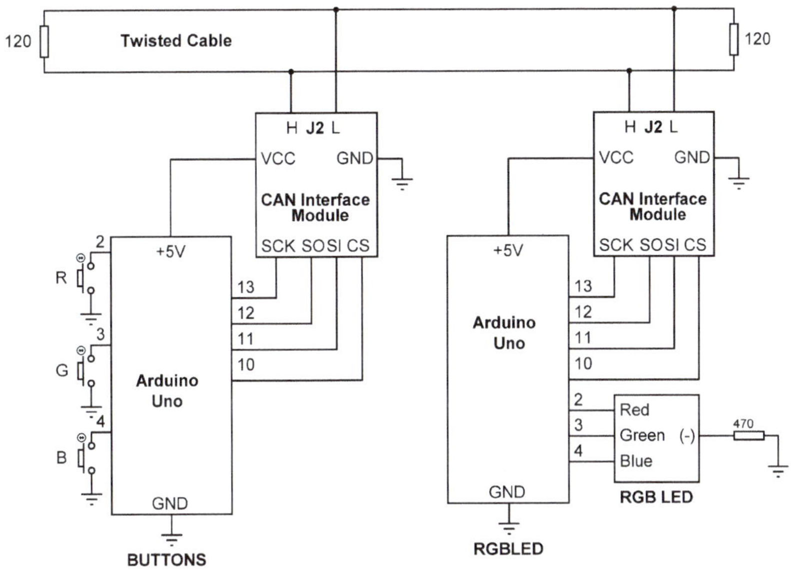

Abbildung 6.28: Schaltbild des Projekts

Abbildung 6.29 zeigt eine typische RGB-LED. Von RGB-LEDs gibt es zwei Typen: mit gemeinsamer Kathode und mit gemeinsamer Anode. In diesem Projekt wird der Typ mit gemeinsamer Kathode benutzt. Zu beachten ist, dass der lange Anschlussdraht die gemeinsame Kathode ist.

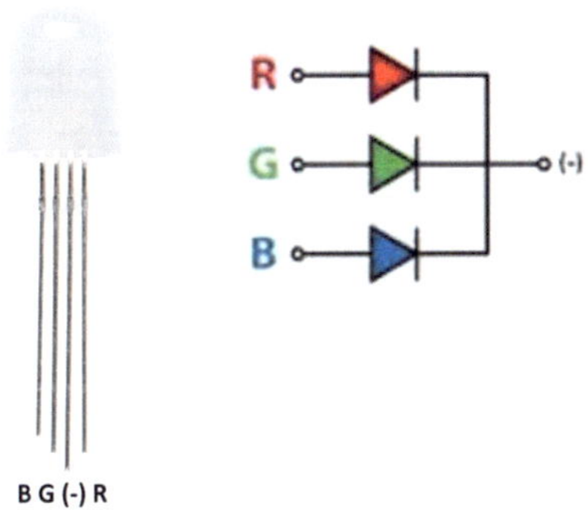

Abbildung 6.29: Typische RGB-LED

Knoten: BUTTONS - Auflistung des Programms

Abbildung 6.30 stellt die Programmliste (Programm: **BUTTONS**) dar. Innerhalb der Funktion **setup()** wird der CAN-Bus konfiguriert, und die Tasten sind als Eingänge mit internen aktiven Pullup-Widerständen konfiguriert. Innerhalb der Hauptprogrammschleife wird der Zustand der Tasten geprüft. Ist eine Taste gedrückt, wird eine Zahl über den CAN-Bus zum Knoten **RGBLED** geschickt, um die betreffende LED leuchten zu lassen. Dabei sind den verschiedenen LEDs folgende Zahlen zugeordnet:

1 rote LED
2 grüne LED
3 blaue LED

```
/*--------------------------------------------------------------
                        BUTTONS
                        =======

Three buttons are connected to this node. Pressing a button
turns ON the appropriate LED colour on node RGBLED. For example,
pressing R button turns ON the RED LED. The following data is
sent over the CAN bus:

1   Turn ON RED LED
2   Turn ON GREEN LED
3   Turn ON BLUE LED

Author: Dogan Ibrahim
File  : BUTTONS
Date  : December 2022
----------------------------------------------------------------*/
#include <SPI.h>
#include <mcp2515.h>

#define CS 10
int ReceivedMessage;
int R = 2;                                          // R button
int G = 3;                                          // G button
int B = 4;                                          // B button
int flag = 0;

struct can_frame MyMsg;
MCP2515 mcp2515(CS);

void setup()
{
  SPI.begin();
  mcp2515.reset();
  mcp2515.setBitrate(CAN_500KBPS, MCP_8MHZ);          // Config CAN bus
  mcp2515.setNormalMode();                            // Normal mode
  pinMode(R, INPUT_PULLUP);                           // R Button is input
  pinMode(G, INPUT_PULLUP);                           // G button is input
  pinMode(B, INPUT_PULLUP);                           // B button is input
}

void loop()
```

```
{
  if(digitalRead(R) == 0)                          // R pressed
  {
    while(digitalRead(R) == 0);
    MyMsg.data[0] = 1;
    flag = 1;
  }

  if(digitalRead(G) == 0)                          // G pressed
  {
    while(digitalRead(G) == 0);
    MyMsg.data[0] = 2;
    flag = 1;
  }

  if(digitalRead(B) == 0)                          // B pressed
  {
    while(digitalRead(B) == 0);
    MyMsg.data[0] = 3;
    flag =1;
  }

  if(flag == 1)                                    // If any button pressed
  {
    flag = 0;
    MyMsg.can_id = 0x30;                           // CAN ID
    MyMsg.can_dlc = 1;                             // 1 bytes
    mcp2515.sendMessage(&MyMsg);                   // Send message
  }

  delay(20);
}
```

Abbildung 6.30: Programm: **BUTTONS**

Knoten: RGBLED - Auflistung des Programms

Abbildung 6.31 stellt die Programmliste (Programm: **RGBLED**) dar. Innerhalb der Funktion **setup()** sind die drei LED-Pins als Ausgang konfiguriert und sind abgeschaltet. Innerhalb der Hauptprogrammschleife wird die vom Knoten **BUTTONS** empfangene Nachricht überprüft, und die geforderte Farbe der LED wird eingeschaltet.

```
/*---------------------------------------------------------------
                      RGBLED
                      ======

A RGB LED is connected to this node. LED colours Red, Green, or
Blue are lit if 1, 2, or  are received over the CAN bus respectively

Author: Dogan Ibrahim
File  : RGBLED
Date  : December 2022
-----------------------------------------------------------------*/
#include <SPI.h>
#include <mcp2515.h>

#define CS 10
int LED;
int Red = 2;                                       // Red LED
int Green = 3;                                     // Green LED
int Blue = 4;                                      // Blue LED

struct can_frame MyMsg;
MCP2515 mcp2515(CS);

void setup()
{
  SPI.begin();
  mcp2515.reset();
  mcp2515.setBitrate(CAN_500KBPS, MCP_8MHZ);       // Config CAN bus
  mcp2515.setNormalMode();                         // Normal mode
  pinMode(Red, OUTPUT);                            // LED is output
  pinMode(Green, OUTPUT);                          // LED is output
  pinMode(Blue, OUTPUT);                           // LED is output
  digitalWrite(Red, 0);                            // Red OFF OFF
  digitalWrite(Green, 0);                          // Green OFF
  digitalWrite(Blue, 0);                           // Blue OFF
}

void loop()
{
  if(mcp2515.readMessage(&MyMsg) == MCP2515::ERROR_OK)
  {
    LED = MyMsg.data[0];                           // Received data
    if(LED == 1)
    {
      digitalWrite(Red, 1);
      delay(2000);
```

```
      digitalWrite(Red, 0);
    }
    if(LED == 2)
    {
      digitalWrite(Green, 1);
      delay(2000);
      digitalWrite(Green, 0);
    }
    if(LED == 3)
    {
      digitalWrite(Blue, 1);
      delay(2000);
      digitalWrite(Blue, 0);
    }
  }
}
```

Abbildung 6.31: Programm: **RGBLED**

Test des Projekts: Bauen Sie das Projekt auf, wie im Schaltbild dargestellt, und schalten Sie beide Arduino Unos ein. Drücken Sie eine Taste auf Knoten **BUTTON**. Jetzt muss auf dem Knoten **RGBLED** die LED mit der entsprechenden Farbe aufleuchten.

6.10 Projekt 8: Anzeige von Umgebungstemperatur und Luftfeuchte auf LCD

Beschreibung: Zwei Knoten mit der Bezeichnung **THSENSOR** und **THDISP** werden in diesem Projekt benutzt. Der Knoten **THSENSOR** misst die Umgebungstemperatur und die Luftfeuchte und sendet diese Informationen an Knoten **THDISP**, wo die Werte auf einem LCD-Feld angezeigt werden.

Blockdiagramm: Das Blockdiagramm des Projekts zeigt Abbildung 6.32.

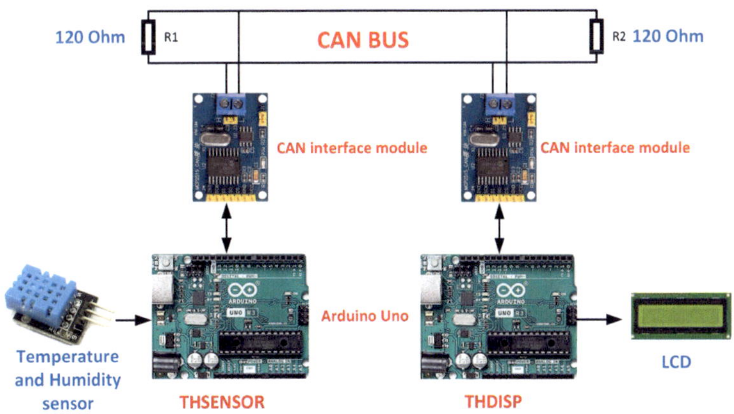

Abbildung 6.32: Blockdiagramm des Projekts

Schaltbild: Das Schaltbild des Projekts ist in Abbildung 6.33 dargestellt. Ein Temperatur- und Feuchtigkeitsfühler des Typs DHT11 ist an Pin 2 von Knoten **THSENSOR** angeschlossen. Die Temperatur und die Luftfeuchte werden auf einem I²C LCD-Feld am Knoten **THDISP** angezeigt

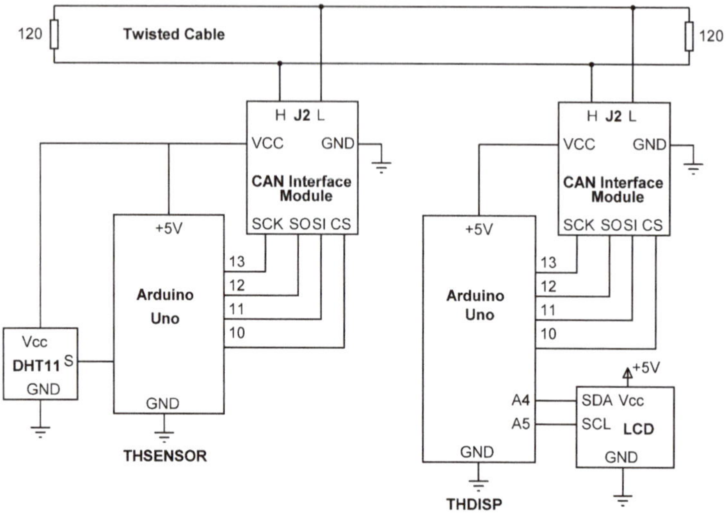

Abbildung 6.33: Schaltbild des Projekts

DHT11

Das ist ein kleiner Sensor, der zur Messung von Temperatur und Luftfeuchte benutzt wird (Abbildung 6.34). Die Grundeigenschaften dieses Sensors sind:

- Äußerst geringe Kosten
- Kapazitiver Feuchtigkeitssensor und Thermistor-Temperaturfühler
- 3 bis 5 V Betriebsspannung
- 2,5 mA maximaler Stromverbrauch während der Umwandlung
- Anzeige von 20-80% Luftfeuchte mit 5% Genauigkeit
- 0-50°C Temperaturanzeige mit ±2°C Genauigkeit
- 1 Hz Abtastrate
- Abmessungen 15,5 mm x 12 mm x 5.5 mm
- Ausführung mit 3 oder 4 Pins

Abbildung 6.34: DHT11 Messfühler-Modul

Das Modul DHT11 kommt üblicherweise mit 3 Pins. Die Pin-Konfiguration ist in Abbildung 6.34 zu sehen.

I²C LCD

Der Vorteil der Verwendung von LCDs des I²C-Typs besteht darin, dass nur zwei GPIO-Pins benötigt werden, um das LCD-Feld zu steuern. LDCs des Typs I²C werden gelegentlich in zwei Teilen geliefert: dem LCD-Anzeigeteil und der I²C Steuerplatine. Bei den meisten Standardprodukten ist die Steuerplatine jedoch auf die Rückseite des LCD-Feldes gelötet, wie es in Abbildung 6.35 zu sehen ist. Dabei handelt es sich im Prinzip um eine Parallel-LCD des Typs 1602. Die Steuerplatine besteht aus dem I²C-Controller-Chip PCF8574 (von Texas Instruments oder NXP Semiconductors), einem kleinen Potentiometer zur Einstellung des Kontrasts, I/O Schnittstellen-Pins und einer einstellbaren Brücke.

Abbildung 6.35: Standard-LCD auf I²C-Basis

Die Steuerplatine hat 4 Pins: SCL, SDA, VCC, und GND, die an die LCD-Pins gemäß Darstellung in Abbildung 6.36 gelötet werden müssen (wenn sie nicht bereits angelötet sind).

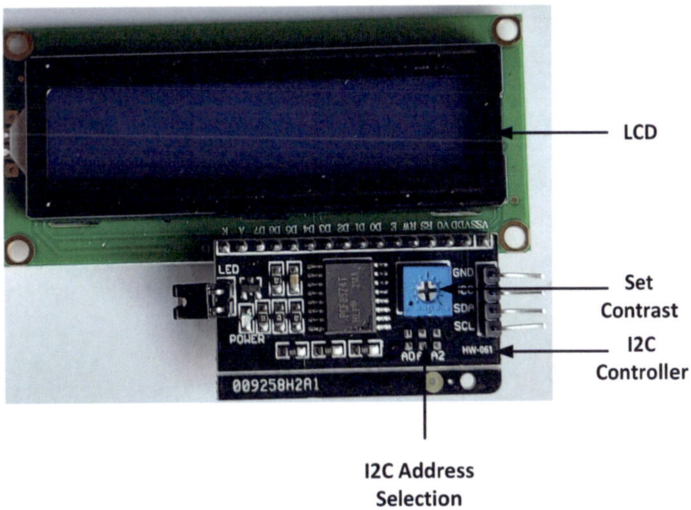

Abbildung 6.36: Anlöten der I²C-Steuerplatine an das LCD-Teil

Die I²C-Adresse des PCF8574T-Chips ist mit 3 Brücken, die mit A0, A1 und A2 bezeichnet sind, auf der Steuerplatine wählbar. Im Lieferzustand ist die Adresse auf 0x27 eingestellt (d.h. keine Brücke eingesetzt).

0x27 eingestellt (d.h. keine eingesetzte Brücke)

I²C-Pins von Arduino Uno

Auf der Arduino Uno Platine stehen folgende I²C-Pins zur Verfügung:

A4: SDA
A5: SCL

Arduino Uno I²C-Library

Bevor die I²C-LCD benutzt wird, müssen Sie zu Ihrem IDE die I²C-Library hinzufügen. Solche Libraries werden häufig als ZIP-Datei oder als Ordner geliefert, wobei der Name des Ordners gleichzeitig der Name der Library ist. In dem Ordner befinden sich eine **.cpp**-Datei, eine **.h**-Datei, eine **keywords.txt** Datei ein **examples**-Ordner mit Beispielen und weitere Dateien, die u.U. von der Library benötigt werden. Sie sollten die Library nicht entpacken.
Zum Hinzufügen der I²C-LCD-Datei sind folgende Schritte erforderlich:

- Gehen Sie auf die folgende Webseite, auf der Sie die Library-Datei finden (die Datei ist auch auf der Buchsupport-Webpage vorhanden):

  http://www.arduinolibraries.info/libraries/liquid-crystal-i2-c

- Laden Sie die Datei **LiquidCrystal_I2C-1.1.2.zip** in einen Ordner auf Ihrem PC herunter.
- Starten Sie die IDE (integrierte Entwicklungsumgebung)
- Klicken Sie auf **Sketch → Include Library → Add .ZIP Library**
- Wählen Sie die gesicherte Library-Datei und klicken Sie auf **Open**
- Kehren Sie zum Menü **Sketch → Include Library** zurück, worauf Sie ganz unten im Dropdown-Menü die neue Library sehen sollten
- Um zu prüfen, ob die Library erfolgreich hinzugefügt wurde, geben Sie die folgenden Zeilen in ein neu erstelltes Programm ein:

```
#include <Wire.h>
#include <LiquidCrystal_I2C.h>

void setup()
{
```

```
}

void loop()
{
}
```

- Erstellen Sie Ihr Programm. Es sollten keine Fehler vorhanden sein.

Die I²C-LCD Library unterstützt viele Funktionen. Einige der am häufigsten verwendeten Funktionen sind:

init():	LCD initialisieren (das muss der erste Funktionsaufruf sein)
clear():	den Bildschirminhalt entfernen
home():	den Cursor zurückstellen
noBlink():	das Blinken des Cursors stoppen
blink():	das Blinken des Cursors freigeben
noCursor():	den Cursor ausblenden
cursor():	den Cursor anzeigen
scrollDisplayLeft():	das Display links scrollen
scrollDisplayRight():	das Display rechts scrollen
noBacklight():	Hintergrundbeleuchtung sperren
backlight():	Hintergrundbeleuchtung freigeben
setCursor(column, row):	Cursorposition einstellen; (0, 0) ist die Position links oben
print():	auf LCD angezeigte Daten drucken
write():	auf LCD ‚schreiben'

Die I²C LCD-Adresse muss am Anfang des Programms festgelegt werden. Ist die Adresse beispielsweise 0x27 und das LCD-Display hat 16 Spalten und 2 Reihen (also 16x2), dann ergibt sich:

LiquidCrystal_12C lcd(0x27, 16, 2)

Anschließend an die obige Angabe können Sie die LCD-Funktionen aufrufen, indem Sie sie mit dem Suchwort **lcd** indizieren. Um beispielsweise das LCD-Display aufzurufen:

```
lcd.init();                              // initialize the lcd
```

oder um die Hintergrundbeleuchtung zu aktivieren:

```
lcd.backlight();                         // Enable backlight
```

Arduino Uno DHT11 Library

Bevor das DHT11 benutzt wird, müssen Sie zu Ihrem IDE dessen Library hinzufügen. Dazu sind folgende Schritte erforderlich:

- Kopieren Sie die Library von der folgenden Webseite:

  http://www.electronicwings.com/arduino/dht11-sensor-interfacing-with-arduino-uno

- Zu der Zeit, als dieses Buch verfasst wurde, hatte die Library-Datei den Namen **Arduino-DHT-master.zip**.

- Starten Sie die IDE (integrierte Entwicklungsumgebung).

- Klicken Sie auf **Sketch → Include Library → Add .ZIP Library.**

- Wählen Sie die gesicherte Library-Datei und klicken Sie auf **Open.**

- Kehren Sie zum Menü **Sketch → Include Library** zurück, worauf Sie ganz unten im Dropdown-Menü die neue Library sehen sollten.

Knoten: THSENSOR – Auflistung des Programms

Abbildung 6.37 stellt die Programmliste (Programm: **THSENSOR**) dar. Am Anfang des Programms sind die Header-Dateien der im Programm verwendeten Libraries eingefügt. Innerhalb der Funktion **setup()** wird der CAN-Bus konfiguriert und der DHT11-Pin gesetzt. Innerhalb der Hauptprogrammschleife werden die Umgebungstemperatur und die Luftfeuchte mit folgenden Funktionen gelesen:

```
humidity = dht.getHumidity();              // Get humidity
temperature = dht.getTemperature();        // Get temperature
```

Die Werte von Umgebungstemperatur und Luftfeuchte werden dann über den CAN-Bus gesendet.

```
/*------------------------------------------------------------
                          THSENSOR
                          ========

This program reads the ambient temperature and humidity from
a DHT11 sensor and sends the data to node THDISP

Author: Dogan Ibrahim
File  : THSENSOR
Date  : December 2022
-----------------------------------------------------------*/
#include <SPI.h>
#include <mcp2515.h>
#include "DHT.h"
DHT dht;
#define CS 10
```

```
struct can_frame MyMsg;
MCP2515 mcp2515(CS);                        // SPI CS

int DHTPIN = 2;                             // DHT11 on pin 2
float temperature, humidity;

void setup()
{
  SPI.begin();
  mcp2515.reset();
  mcp2515.setBitrate(CAN_500KBPS, MCP_8MHZ);  // CAN bus config
  mcp2515.setNormalMode();                  // Normal mode
  dht.setup(DHTPIN);                        // Setup DHT11
}

void loop()
{
  humidity = dht.getHumidity();             // GEt humidity
  temperature = dht.getTemperature();       // Get temperature
  MyMsg.can_id = 0x30;                      // CAN ID
  MyMsg.can_dlc = 2;                        // 2 byte
  MyMsg.data[0] = (int)temperature;         // Temp in data[0]
  MyMsg.data[1] = (int)humidity;            // Humidity
  mcp2515.sendMessage(&MyMsg);              // Send message
  delay(5000);                              // Wait 5 seconds
}
```

Abbildung 6.37: Programm: **THSENSOR**

Knoten: THDISP – Auflistung des Programms

Abbildung 6.38 stellt die Programmliste (Programm: **THDISP**) dar. Am Anfang des Programms sind die Header-Dateien der verwendeten Libraries eingefügt. Die I²C-Adresse mit 16 Zeichen und 2 Reihen ist auf 0x27 gesetzt. Innerhalb der Funktion **setup()** werden der CAN-Bus und das LCD-Display konfiguriert und aktiviert. Innerhalb der Hauptprogrammschleife werden die Temperatur- und Feuchtigkeitswerte vom CAN-Bus gelesen und auf dem LCD-Feld angezeigt.

```
/*-------------------------------------------------------
                    THDISP
                    ======

 This program receives the temperature and humidity from node
 THSENSOR and displays on I2C LCD

 Author: Dogan Ibrahim
```

```
File   : THDISP
Date   : December 2022
----------------------------------------------------------*/
#include <SPI.h>
#include <mcp2515.h>

#include <Wire.h>
#include <LiquidCrystal_I2C.h>
LiquidCrystal_I2C lcd(0x27, 16, 2);

#define CS 10
int T, H;

struct can_frame MyMsg;
MCP2515 mcp2515(CS);

void setup()
{
  SPI.begin();
  mcp2515.reset();
  mcp2515.setBitrate(CAN_500KBPS, MCP_8MHZ);    // Config CAN bus
  mcp2515.setNormalMode();                      // Normal mode
  lcd.init();                                   // Initialize LCD
  lcd.backlight();                              // Backlight ON
}

void loop()
{
  if(mcp2515.readMessage(&MyMsg) == MCP2515::ERROR_OK)
  {
    T = MyMsg.data[0];                          // Temperature
    H = MyMsg.data[1];                          // Humidity
    lcd.clear();                                // Clear LCD
    lcd.setCursor(0, 0);                        // Cursor at 0,0
    lcd.print(T);                               // Display T
    lcd.print(" C");                            // DIsplay C
    lcd.setCursor(0, 1);                        // Cursor at 0,1
    lcd.print(H);                               // Display H
    lcd.print(" %");                            // Display %
  }
}
```

Abbildung 6.38: Programm: **THDISP**

Abbildung 6.39: Typisches Display

Test des Projekts: Bauen Sie das Projekt auf, wie im Schaltbild dargestellt, und schalten Sie beide Arduino Unos ein. Auf dem LCD-Display sollten Sie nun alle 5 s die Temperatur und die Feuchte ablesen können.

Modifizierte Programme

Im vorangegangenen Projekt wurden die Werte von Temperatur und Feuchte als ganze Zahlen angezeigt, obwohl sie als Gleitkomma-Werte gelesen wurden. Sie können die Temperatur (und auch die Luftfeuchte) nach Umwandlung in eine Zeichenfolge und aussenden über den CAN-Bus als Dezimalwert anzeigen. Abbildung 6.40 zeigt das modifizierte Sensorprogramm **THSENSOR2**, mit dem die Temperatur als eine Folge von 5 Zeichen gesendet wird. Programm **THDISP2** empfängt die Temperatur als Zeichenfolge und zeigt sie als Gleitkommawert (d.h. mit Dezimalkomma) an.

```
/*----------------------------------------------------------
                       THSENSOR2
                       =========

This program reads the ambient temperature and humidity from
a DHT11 sensor and sends the data to node THDISP.

In this version of the program the temperature is converted
into an array of chars and sent over the CAN bus so that values
after the decimal point can also be displayed

Author: Dogan Ibrahim
File  : THSENSOR2
Date  : December 2022
----------------------------------------------------------*/
#include <SPI.h>
#include <mcp2515.h>
#include "DHT.h"
DHT dht;
#define CS 10

struct can_frame MyMsg;
MCP2515 mcp2515(CS);                          // SPI CS
```

```
int DHTPIN = 2;                               // DHT11 on pin 2
float temperature, humidity;
char ary[7];

void setup()
{
  SPI.begin();
  mcp2515.reset();
  mcp2515.setBitrate(CAN_500KBPS, MCP_8MHZ);  // CAN bus config
  mcp2515.setNormalMode();                    // Normal mode
  dht.setup(DHTPIN);                          // Setup DHT11
}

void loop()
{
  humidity = dht.getHumidity();               // GEt humidity
  temperature = dht.getTemperature();         // Get temperature
  MyMsg.can_id = 0x30;                        // CAN ID
  MyMsg.can_dlc = 6;                          // 6 bytes
  dtostrf(temperature, 5, 2, ary);            // Convert to chars
  MyMsg.data[0] = ary[0];                     // Temp in data[0]
  MyMsg.data[1] = ary[1];
  MyMsg.data[2] = ary[2];
  MyMsg.data[3] = ary[3];
  MyMsg.data[4] = ary[4];
  MyMsg.data[5] = (int)humidity;              // Humidity
  mcp2515.sendMessage(&MyMsg);                // Send message
  delay(5000);                                // Wait 5 seconds
}
```

Abbildung 6.40: Programm: **THSENSOR2**

```
/*----------------------------------------------------------
                      THDISP2
                      =======

This program receives the temperature and humidity from node
THSENSOR and displays on I2C LCD.

In this version of the program the temperature is displayed
with values after decimal point

Author: Dogan Ibrahim
File  : THDISP2
Date  : December 2022
----------------------------------------------------------*/
```

```
#include <SPI.h>
#include <mcp2515.h>

#include <Wire.h>
#include <LiquidCrystal_I2C.h>
LiquidCrystal_I2C lcd(0x27, 16, 2);

#define CS 10
int H;
char T[7];

struct can_frame MyMsg;
MCP2515 mcp2515(CS);

void setup()
{
  SPI.begin();
  mcp2515.reset();
  mcp2515.setBitrate(CAN_500KBPS, MCP_8MHZ);    // Config CAN bus
  mcp2515.setNormalMode();                      // Normal mode
  lcd.init();                                   // Initialize LCD
  lcd.backlight();                              // Backlight ON
}

void loop()
{
  if(mcp2515.readMessage(&MyMsg) == MCP2515::ERROR_OK)
  {
    for(int i=0; i < 5; i++)T[i] = MyMsg.data[i];
    H = MyMsg.data[5];                          // Humidity
    lcd.clear();                                // Clear LCD
    lcd.setCursor(0, 0);                        // Cursor at 0,0
    lcd.print(T[0]);                            // Display T
    lcd.print(T[1]);
    lcd.print(T[2]);
    lcd.print(T[3]);
    lcd.print(T[4]);
    lcd.print(" C");                            // DIsplay C
    lcd.setCursor(0, 1);                        // Cursor at 0,1
    lcd.print(H);                               // Display H
    lcd.print(" %");                            // Display %
  }
}
```

Abbildung 6.41: Programm: **THDISP2**

Abbildung 6.42 zeigt das Beispiel einer Anzeige

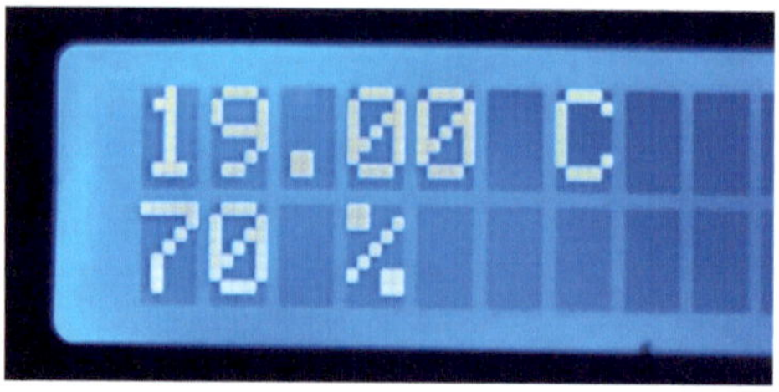

Abbildung 6.42: Display-Beispiel

6.11 Projekt 9: CAN-Bus mit drei Knoten: Messung von Außen- und Innentemperatur

Beschreibung: Drei Knoten mit der Bezeichnung **EXTTEMP, INTTEMP** und **DISPTEMP** werden in diesem Projekt benutzt. Die Knoten **EXTTEMP** und **INTTEMP** messen die externe und die interne Umgebungstemperatur. Der Knoten **DISPTEMP** empfängt die Temperaturdaten von den anderen beiden Knoten und zeigt sie auf dem LCD-Feld an. Die Außentemperatur wird alle 2 s und die Innentemperatur alle 5 s angezeigt.

Blockdiagramm: Das Blockdiagramm des Projekts zeigt Abbildung 6.43.

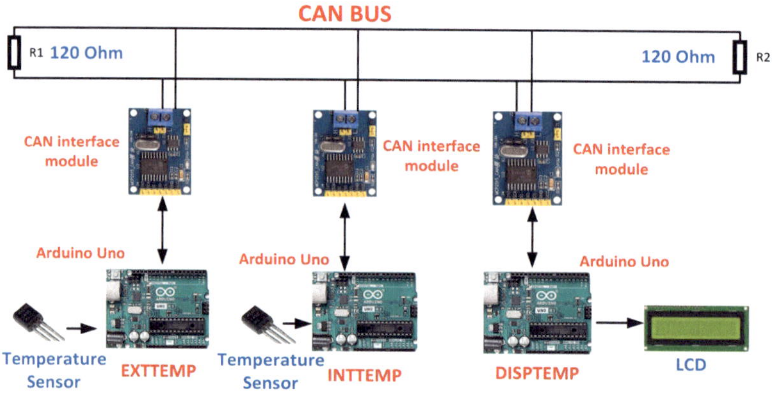

Abbildung 6.43: Blockdiagramm des Projekts

Schaltbild: Das Schaltbild des Projekts ist in Abbildung 6.44 dargestellt. Analoge Temperaturfühler-Chips vom Typ LM35 werden in den Knoten **EXTTEMP** und **INTTEMP** verwendet. Sie sind an die Analogeingänge A0 der Arduino Unos angeschlossen. Ein I²C LCD-Display wird benutzt, um die Temperaturen auf dem Knoten **DISPTEM** anzuzeigen.

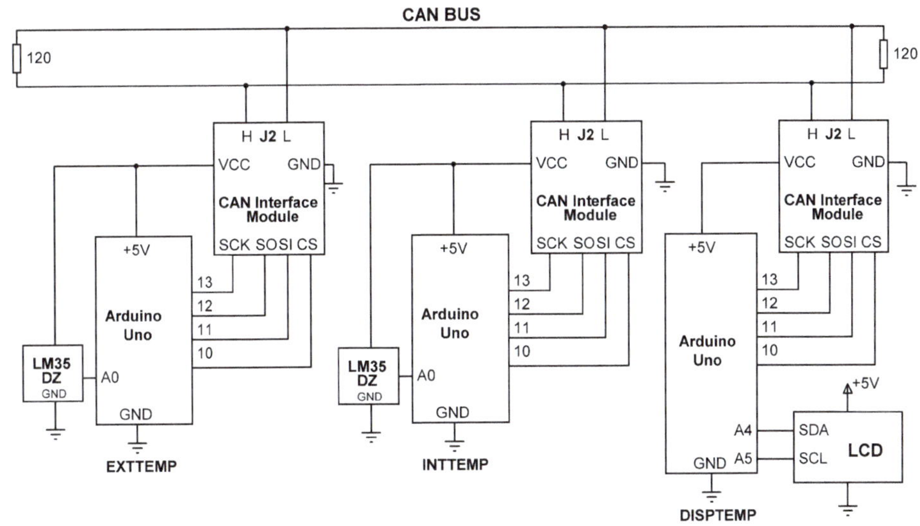

Abbildung 6.44: Schaltbild des Projekts

Knoten: EXTTEMP - Auflistung des Programms

Abbildung 6.45 stellt die Programmliste (Programm: **EXTTEMP**) dar. In diesem Programm ist die ID des CAN-Busses auf 0x30 eingestellt. Das Programm liest die Temperatur vom Analogeingang A0, wandelt den Wert in Grad Celsius um und sendet das Ergebnis über den CAN-Bus mit der auf 0x30 eingestellten CAN-Bus ID. Es wird nur ein Byte gesendet.

```
/*----------------------------------------------------------
                      EXTTEMP
                      =======

This program reads the external ambient temperature and sends
it over the CAN bus every 2 seconds

Author: Dogan Ibrahim
File  : EXTTEMP
Date  : December 2022
-----------------------------------------------------------*/
#include <SPI.h>
#include <mcp2515.h>

#define CS 10
int T = A0;
int val = 0;
float temp;

struct can_frame MyMsg;
MCP2515 mcp2515(CS);                        // SPI CS
```

```
void setup()
{
  SPI.begin();
  mcp2515.reset();
  mcp2515.setBitrate(CAN_500KBPS, MCP_8MHZ);  // CAN bus config
  mcp2515.setNormalMode();                    // Normal mode
}

void loop()
{
  val = analogRead(T);
  temp = val * 5000.0 / 1024.0;               // Convert to mV
  temp = temp / 10.0;                         // COnvert to degrees C
  MyMsg.can_id = 0x30;                        // CAN ID
  MyMsg.can_dlc = 1;                          // 1 byte
  MyMsg.data[0] = (int)temp;                  // Temp in data[0]
  mcp2515.sendMessage(&MyMsg);                // Send message
  delay(2000);                                // Wait 2 secs
}
```

Abbildung 6.45: Programm: **EXTTEMP**

Knoten: INTTEMP - Auflistung des Programms

Abbildung 6.46 stellt die Programmliste (Programm: **INTTEMP**) dar. Dieses Programm ist ähnlich wie das in Abbildung 6.45. Der einzige Unterschied ist, dass die ID des CAN-Busses hier auf 0x31 eingestellt ist.

```
/*----------------------------------------------------------
                      INTTEMP
                      =======

This program reads the internal ambient temperature and sends
it over the CAN bus every 5 seconds

Author: Dogan Ibrahim
File  : INTTEMP
Date  : December 2022
-----------------------------------------------------------*/
#include <SPI.h>
#include <mcp2515.h>

#define CS 10
int T = A0;
int val = 0;
float temp;
```

```
struct can_frame MyMsg;
MCP2515 mcp2515(CS);                          // SPI CS

void setup()
{
  SPI.begin();
  mcp2515.reset();
  mcp2515.setBitrate(CAN_500KBPS, MCP_8MHZ);  // CAN bus config
  mcp2515.setNormalMode();                    // Normal mode
}

void loop()
{
  val = analogRead(T);
  temp = val * 5000.0 / 1024.0;               // Convert to mV
  temp = temp / 10.0;                         // COnvert to degrees C
  MyMsg.can_id = 0x31;                        // CAN ID
  MyMsg.can_dlc = 1;                          // 1 byte
  MyMsg.data[0] = (int)temp;                  // Temp in data[0]
  mcp2515.sendMessage(&MyMsg);                // Send message
  delay(5000);                                // Wait 5 secs
}
```

Abbildung 6.46: Programm: **INTTEMP**

Knoten: DISPTEMP - Auflistung des Programms

Abbildung 6.47 stellt die Programmliste dar. Am Anfang des Programms sind die Header-Dateien der verwendeten Libraries eingefügt. Die LCD-Adresse ist auf 0x27 eingestellt und für 16 Zeichen und 2 Reihen ausgelegt. Innerhalb der Funktion **setup()** wird der CAN-Bus konfiguriert und das LCD-Display aktiviert. Innerhalb der Hauptprogrammschleife prüft das Programm die CAN-ID der empfangenen Nachrichten. Lautet die ID 0x30, stammt die Nachricht vom Knoten **EXTTEMP**, und deshalb wird der Temperaturwert in der oberen LCD-Zeile angezeigt. Lautet die ID dagegen 0x31, stammt die Nachricht vom Knoten **INTTEMP**, weshalb der Temperaturwert auf der unteren LCD-Zeile angezeigt wird. Dieser Prozess wird so lange fortgesetzt, bis er vom Anwender gestoppt wird.

```
/*-------------------------------------------------------
                    DISPTEMP
                    ========

This program receives the external and internal temperature
readings over the CAN bus and displays them on the LCD. The
external temperature is displayed on the top row while the
internal temperature is displayed on the bottom row
```

```
Author: Dogan Ibrahim
File  : DISPTEMP
Date  : December 2022
----------------------------------------------------------*/
#include <SPI.h>
#include <mcp2515.h>

#include <Wire.h>
#include <LiquidCrystal_I2C.h>
LiquidCrystal_I2C lcd(0x27, 16, 2);

#define CS 10
int T, id;

struct can_frame MyMsg;
MCP2515 mcp2515(CS);

void setup()
{
  SPI.begin();
  mcp2515.reset();
  mcp2515.setBitrate(CAN_500KBPS, MCP_8MHZ);    // Config CAN bus
  mcp2515.setNormalMode();                      // Normal mode
  lcd.init();                                   // Initialize LCD
  lcd.backlight();                              // Backlight ON
}

void loop()
{
  if(mcp2515.readMessage(&MyMsg) == MCP2515::ERROR_OK)
  {
    T = MyMsg.data[0];                          // Temperature
    id = MyMsg.can_id;                          // CAN ID
    if(id == 0x30)                              // If External
    {
      lcd.setCursor(0, 0);                      // Cursor at 0,0
      lcd.print("EXT: ");                       // Display EXT
      lcd.print(T);                             // Display T
      lcd.print(" C");                          // Display C
    }

    if(id == 0x31)                              // If Internal
    {
      lcd.setCursor(0, 1);                      // Cursor at 0,1
      lcd.print("INT: ");                       // Display INT
```

```
        lcd.print(T);                          // Display T/
        lcd.print(" C");                       // Display C
      }
      delay(20);
    }
  }
```

Abbildung 6.47: Programm: **DISPTEMP**

Test des Projekts: Bauen Sie das Projekt auf und versorgen Sie alle drei Knoten mit Spannung. Nun sollten auf dem LCD-Display die Außen- und die Innentemperatur angezeigt werden. Dabei erscheint der externe Wert in der oberen Zeile und der interne Wert in der unteren Zeile.

Abbildung 6.48: Typische Temperaturanzeige

6.12 Verwendung von Akzeptanzmasken und -filtern

In einem CAN-Bussystem mit vielen Knoten möchte man vielleicht nur von bestimmten Knoten Nachrichten erhalten. Die geschieht durch den Einsatz von Akzeptanzmasken und Akzeptanzfiltern an den Empfangsknoten. A1 in einem Masken-Bit akzeptiert das ID-Bit, ob es 0 oder 1 ist. Im vorausgegangenen Projekt wollten Sie Nachrichten von Knoten-IDs 0x30 und 0x31 empfangen. Wie in Kapitel 5 beschrieben wurde, kann man Masken und Filter wie folgt einstellen (geht man von standardmäßigen 11-bit IDs, Masken und Filtern aus):

0x30:	000 0011 0000
0x31:	000 0011 0001
erforderliche Maske:	111 1111 1110 oder 0x7FE

Sie sollten deshalb die Maske auf 0x7E und den Filter auf 0x30 oder 0x31 einstellen.

Abbildung 6.49 zeigt das Display-Programm (**DISPTEMP2**) von Projekt 9, bei dem nur Nachrichten mit 0x30 und 0x31 vom Programm akzeptiert werden.

Der Programmcode für die Einstellung auf MASK0 und Filter 0 lautet folgendermaßen. Zu beachten ist, dass **false** in den Meldungen bedeutet, dass Sie standardmäßige 11-Bit IDs, Masken und Filter benutzen.

```
mcp2515.setConfigMode();
mcp2515.setFilterMask(MCP2515::MASK0, false, 0x7FE);
mcp2515.setFilter(MCP2515::RXF0, false, 0x30);
mcp2515.setNormalMode();
```

```
/*----------------------------------------------------------
                      DISPTEMP2
                      =========

This program receives the external and internal temperature
readings over the CAN bus and displays them on the LCD. The
external temperature is displayed on the top row while the
internal temperature is displayed on the bottom row.

In this version of the program acceptance mask and acceptance
filter are used

Author: Dogan Ibrahim
File  : DISPTEMP2
Date  : December 2022
----------------------------------------------------------*/
#include <SPI.h>
#include <mcp2515.h>

#include <Wire.h>
#include <LiquidCrystal_I2C.h>
LiquidCrystal_I2C lcd(0x27, 16, 2);

#define CS 10
int T, id;

struct can_frame MyMsg;
MCP2515 mcp2515(CS);

void setup()
{
  SPI.begin();
  mcp2515.reset();
  mcp2515.setBitrate(CAN_500KBPS, MCP_8MHZ);    // Config CAN bus
  lcd.init();                                   // Initialize LCD
  lcd.backlight();                              // Backlight ON

  mcp2515.setConfigMode();
  mcp2515.setFilterMask(MCP2515::MASK0, false, 0x7FE);
  mcp2515.setFilter(MCP2515::RXF0, false, 0x30);
  mcp2515.setNormalMode();                      // Normal mode
}

void loop()
{
  if(mcp2515.readMessage(&MyMsg) == MCP2515::ERROR_OK)
```

```
  {
    T = MyMsg.data[0];                          // Temperature
    id = MyMsg.can_id;                          // CAN ID
    if(id == 0x30)                              // If External
    {
      lcd.setCursor(0, 0);                      // Cursor at 0,0
      lcd.print("EXT: ");                       // Display EXT
      lcd.print(T);                             // Display T
      lcd.print(" C");                          // Display C
    }

    if(id == 0x31)                              // If Internal
    {
      lcd.setCursor(0, 1);                      // Cursor at 0,1
      lcd.print("INT: ");                       // Display INT
      lcd.print(T);                             // Display T/
      lcd.print(" C");                          // Display C
    }
    delay(20);
  }
}
```

Abbildung 6.49: Programm: **DISPTEMP2**

6.13 Projekt 10: CAN-Bus mit drei Knoten: Messung der Außen- und Innentemperatur mit Drucktasten

Beschreibung: Dieses Projekt ist ähnlich dem vorherigen Projekt. Zusätzlich werden hier noch zwei Drucktasten eingesetzt, um die Anzeige der Außen- und der Innentemperatur anzufordern. Drei Knoten mit den Bezeichnungen **TEMPX, TEMPIN** und **TEMPXINDISP** werden in diesem Projekt benutzt. Die Drucktasten mit den Bezeichnungen **EXT** und **INT** sind an den Knoten **TEMPXINDISP** angeschlossen. Durch Drücken der Taste **EXT** wird die Außentemperatur vom Knoten **TEMPX** abgerufen und auf der LCD angezeigt. Drückt man dagegen Taste **INT**, wird vom Knoten **TEMPIN** die Innentemperatur abgerufen und auf der LCD angezeigt.

Blockdiagramm: Das Blockdiagramm des Projekts zeigt Abbildung 6.50.

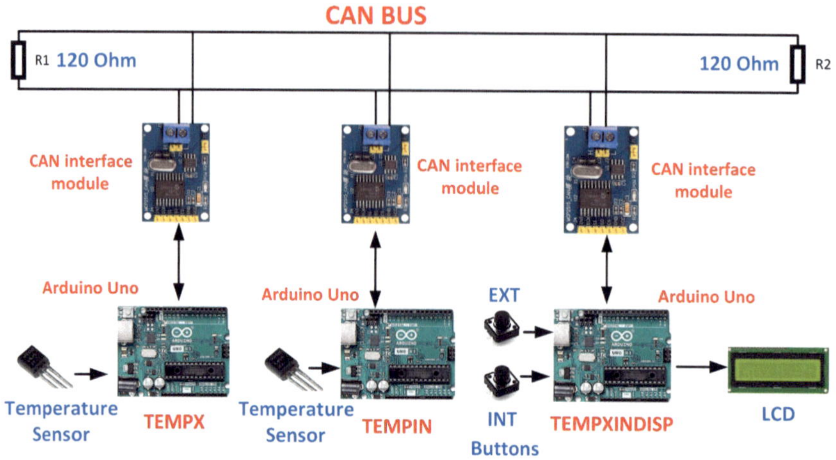

Abbildung 6.50: Blockdiagramm des Projekts

Schaltbild: Das Schaltbild des Projekts ist in Abbildung 6.51 dargestellt. Es ist ähnlich wie in Abbildung 6.44, doch sind hier 2 Drucktasten an die Ports 2 und 3 des Knotens **TEMPXINDISP** angeschlossen

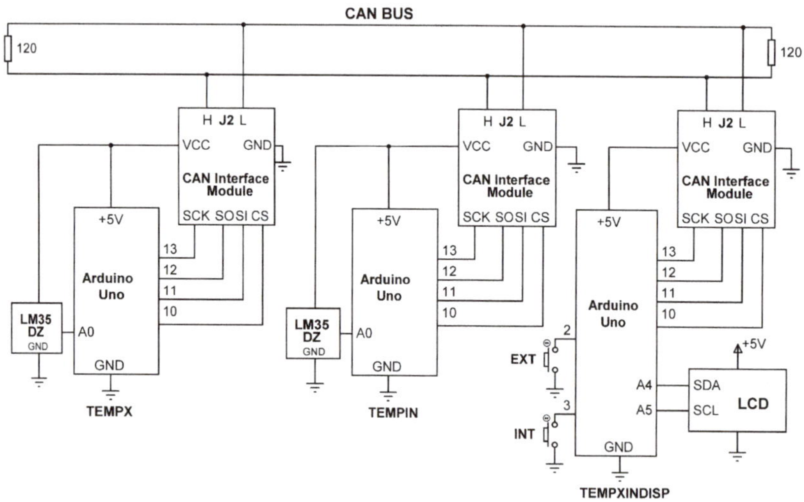

Abbildung 6.51: Schaltbild des Projekts

PDL des Projekts: Abbildung 6.52 zeigt die Funktionsweise des Projekts in Form der PDL (Program Description Language). PDL (gelegentlich auch als Pseudocode bezeichnet) ist die Beschreibung des Ablaufs eines Computerprogramms in Statements, die der englischen Sprache ähneln.

```
TEMPXINDISP
BEGIN
        Configure CAN bus and initialize LCD
        DO FOREVER
                IF Button EXT is pressed THEN
                        Send 1 over CAN bus with ID = 0x41
                ENDIF
                IF Button INT is pressed THEN
                        Send 2 over CAN bus with ID = 0x42
                ENDIF
                IF message is received over CAN bus THEN
                        Get message ID
                        IF ID = 0x30 THEN
                                Display external temperature
                        ENDIF
                        IF ID = 0x31 THEN
                                Display internal temperature
                        ENDIF
                ENDIF
        ENDDO

TEMPX
BEGIN
        Configure CAN bus
        DO FOREVER
                IF message received over CAN bus THEN
                        IF ID = 1 THEN
                                Send temperature reading with ID = 0x30
                        ENDIF
                ENDIF
        ENDDO

TEMPIN
BEGIN
        Configure CAN bus
        DO FOREVER
                IF message received over CAN bus THEN
                        IF ID = 2 THEN
                                Send temperature reading with ID = 0x31
                        ENDIF
                ENDIF
        ENDDO
```

Abbildung 6.52: PDL des Projekts

Knoten: TEMPX - Auflistung des Programms

Abbildung 6.53 stellt die Programmliste (Programm: **TEMPX**) dar. Innerhalb der Funktion **setup()** wird der CAN-Bus konfiguriert. Innerhalb der Hauptprogrammschleife prüft das Programm, ob Daten auf den CAN-Bus vorhanden sind. Wird der Datenwert 1 festgestellt, geschieht eine Abfrage nach der Außentemperatur. Die Temperatur wird dann als ganzzahliger Wert mit der CAN-Bus ID von 0x30 über den Bus geschickt.

```
/*-------------------------------------------------------
                    TEMPX
                    =====

This program reads the external ambient temperature when a
request is received over the CAN bus. The reading is sent
with message of 1 and ID = 0x30

Author: Dogan Ibrahim
File  : TEMPX
Date  : December 2022
-------------------------------------------------------*/
#include <SPI.h>
#include <mcp2515.h>

#define CS 10
int T = A0;
int val = 0;
float temp;
int msg;

struct can_frame MyMsg;
MCP2515 mcp2515(CS);                          // SPI CS

void setup()
{
  SPI.begin();
  mcp2515.reset();
  mcp2515.setBitrate(CAN_500KBPS, MCP_8MHZ);   // CAN bus config
  mcp2515.setNormalMode();                     // Normal mode
}

void loop()
{
  if(mcp2515.readMessage(&MyMsg) == MCP2515::ERROR_OK)
  {
    msg = MyMsg.data[0];                      // Temperature
    val = analogRead(T);
    temp = val * 5000.0 / 1024.0;             // Convert to mV
```

```
    temp = temp / 10.0;                        // COnvert to degrees C

    if(msg == 1)                               // Request for external
    {
      MyMsg.can_id = 0x30;                     // CAN ID
      MyMsg.can_dlc = 1;                       // 1 byte
      MyMsg.data[0] = (int)temp;               // Temp in data[0]
      mcp2515.sendMessage(&MyMsg);             // Send message
    }
  }
}
```

Abbildung 6.53: Programm: **TEMPX**

Knoten: TEMPIN - Auflistung des Programms

Abbildung 6.54 stellt die Programmliste (Programm: **TEMPIN**) dar. Innerhalb der Funktion **setup()** wird der CAN-Bus konfiguriert. Innerhalb der Hauptprogrammschleife prüft das Programm, ob Daten auf den CAN-Bus vorhanden sind. Wird der Datenwert 2 festgestellt, geschieht eine Abfrage nach der Innentemperatur. Diese Temperatur wird dann als ganzzahliger Wert mit der CAN-Bus ID von 0x31 über den Bus geschickt.

```
-------------------------------------------------------
                      TEMPIN
                      ======

This program reads the internal ambient temperature when a
request is received over the CAN bus. The reading is sent
with message of 1 and ID = 0x31

Author: Dogan Ibrahim
File  : TEMPIN
Date  : December 2022
---------------------------------------------------------*/
#include <SPI.h>
#include <mcp2515.h>

#define CS 10
int T = A0;
int val = 0;
float temp;
int msg;

struct can_frame MyMsg;
MCP2515 mcp2515(CS);                        // SPI CS

void setup()
```

```
{
  SPI.begin();
  mcp2515.reset();
  mcp2515.setBitrate(CAN_500KBPS, MCP_8MHZ);        // CAN bus config
  mcp2515.setNormalMode();                          // Normal mode
}

void loop()
{
  if(mcp2515.readMessage(&MyMsg) == MCP2515::ERROR_OK)
  {
    msg = MyMsg.data[0];                            // Temperature
    val = analogRead(T);
    temp = val * 5000.0 / 1024.0;                   // Convert to mV
    temp = temp / 10.0;                             // COnvert to degrees C

    if(msg == 2)                                    // Request for internal
    {
      MyMsg.can_id = 0x31;                          // CAN ID
      MyMsg.can_dlc = 1;                            // 1 byte
      MyMsg.data[0] = (int)temp;                    // Temp in data[0]
      mcp2515.sendMessage(&MyMsg);                  // Send message
    }
  }
}
```

Abbildung 6.54: Programm: **TEMPIN**

Knoten: TEMPXINDISP - Auflistung des Programms

Abbildung 6.55 stellt die Programmliste (Programm: **TEMPXINDISP**) dar. Am Anfang des Programms sind die Header-Dateien der verwendeten Libraries eingefügt. Die LCD-Adresse ist auf 0x27 eingestellt und für 16 Zeichen und 2 Reihen ausgelegt. Innerhalb der Funktion **setup()** wird der CAN-Bus konfiguriert und zwei Tasten mit der Bezeichnung **EXT** und **INT** werden als Eingänge mit den internen Pullup-Widerständen konfiguriert. Durch Drücken der Taste **EXT** wird der Wert 1 über den CAN-Bus geschickt. Wird hingegen die Taste **INT** betätigt, wird der Wert 2 über den Bus geschickt. Das Programm liest dann die Außentemperatur und die Innentemperatur von den Knoten **TEMPX** und **TEMPIN** aus und zeigt sie auf den oberen zwei LCD-Zeilen im folgenden Format an:

EXT: nn C oder INT: nn C

```
/*-------------------------------------------------------------
                    TEMPXINDISP
                    ===========

Two buttons are connected to this node. Pressing button EXT
sends a request over the CAN bus to get the external temperature
from node EXTTEMP. The temperature is then displayed on the LCD.
Similarly, pressing button INT sends a request over the CAN bus
to get the internal temperature from node INTTEMP and then displays
this temperature on the LCD.

Author: Dogan Ibrahim
File  : TEMPXINDISP
Date  : December 2022
-------------------------------------------------------------*/
#include <SPI.h>
#include <mcp2515.h>
#include <Wire.h>
#include <LiquidCrystal_I2C.h>
LiquidCrystal_I2C lcd(0x27, 16, 2);

#define CS 10
int ReceivedMessage;
int EXT = 2;                                   // R button
int INT = 3;                                   // G button
int T, ID, flag = 0;

struct can_frame MyMsg;
MCP2515 mcp2515(CS);

void setup()
{
  SPI.begin();
  mcp2515.reset();
  mcp2515.setBitrate(CAN_500KBPS, MCP_8MHZ);     // Config CAN bus
  mcp2515.setNormalMode();                       // Normal mode
  pinMode(EXT, INPUT_PULLUP);                    // EXT Button is input
  pinMode(INT, INPUT_PULLUP);                    // INT button is input
  lcd.init();                                    // Initialize LCD
  lcd.backlight();                               // Backlight ON
}

void loop()
{
  if(digitalRead(EXT) == 0)                      // EXT pressed
  {
```

```
    while(digitalRead(EXT) == 0);
    MyMsg.data[0] = 1;
    flag = 1;
  }

  if(digitalRead(INT) == 0)                          // INT pressed
  {
    while(digitalRead(INT) == 0);
    MyMsg.data[0] = 2;
    flag = 1;
  }

  if(flag == 1)                                      // If any button pressed
  {
    flag = 0;
    MyMsg.can_id = 0x41;                             // CAN ID
    MyMsg.can_dlc = 1;                               // 1 bytes
    mcp2515.sendMessage(&MyMsg);                     // Send message
  }

  if(mcp2515.readMessage(&MyMsg) == MCP2515::ERROR_OK)
  {
    ID = MyMsg.can_id;
    T = MyMsg.data[0];
    lcd.clear();
    lcd.setCursor(0, 0);

    if(ID == 0x30)                                 // If External
    {
      lcd.print("EXT: ");                          // Display EXT
      lcd.print(T);                                // Display T
      lcd.print(" C");                             // Display C
    }

    if(ID == 0x31)                                 // If Internal
    {
      lcd.print("INT: ");                          // Display INT
      lcd.print(T);                                // Display T/
      lcd.print(" C");                             // Display C
    }
  }
}
```

Abbildung 6.55: Programm: **TEMPXINDISP**

Test des Projekts: Bauen Sie das Projekt auf und versorgen Sie alle drei Knoten mit Spannung. Drücken Sie die Taste **EXT**, worauf Sie die Außentemperatur auf dem LCD-Feld sehen sollten. Drücken Sie die Taste **INT**, worauf Sie die Innentemperatur auf dem LCD-Feld sehen sollten.

Kapitel 7 • Fehlerbedingungen auf dem CAN-Bus

7.1 Übersicht

Bevor wir uns mit den Einzelheiten der CAN-Bus Fehlertypen beschäftigen, lohnt sich ein Blick auf den Mechanismus des Bitstopfens (bit stuffing) auf dem Bus.

7.2 Bitstopfen

Im CAN-Standard ist festgelegt, dass jede Bitfolge derselben Polarität (rezessiv oder dominant) auf dem Bus, die länger als 5 Bits lang ist, eine Verletzung des Standards darstellt. Tatsächlich wurde der Standard benutzt, um Fehler-Frames über den Bus zu senden, die aus 6 aufeinander folgenden dominanten Bits bestehen.

In manchen Anwendungen kann es notwendig sein, mehr als 5 Bits derselben Polarität zu senden (und die Datenbits z.B. mehr als 5 Bits derselben Polarität beinhalten). Dieser Situation begegnet das Bus-System dadurch, dass der sendende Knoten nach dem fünften Bit ein Bit entgegengesetzter Polarität einfügt, das vom empfangenden Knoten wieder entfernt wird. Dieser als „Bitstopfen" (eng. bit stuffing) bezeichnete Mechanismus ermöglicht die Synchronisierung der Sende- und Empfangsfunktionen, um Zeitfehler zu vermeiden. Zu beachten ist, dass die Fehler- und Überlastungs-Frames ohne Bitstopfen gesendet werden. Außerdem erscheint auf dem Bus ein Stuffing-Fehler, wenn das 6. Bit gleich dem 5. Bit ist.

Bitstopfen ist erlaubt vom SOF-Feld (Start of Frame) bis zum CRC-Feld (Cyclic Redundancy Check) (siehe Abbildung 7.1). Bitstopfen ist jedoch nicht erlaubt in den statischen Feldern eines Frames, d.h. es ist in den folgenden Feldern nicht zulässig:

- CRC Delimiter
- ACK-Feld
- EOF-Feld
- Zwischenframe-Gap

Abbildung 7.2 zeigt ein Beispiel für Bitstopfen, bei dem der sendende Knoten nach dem fünften dominanten Bit ein rezessives Bit eingefügt hat. Der empfangende Knoten hat dieses eingefügte Bit wieder entfernt, so dass mehr als 5 dominante Bits erfolgreich auf dem Bus übertragen wurden.

In ähnlicher Weise hat in Abbildung 7.3 der übertragenden Knoten ein dominantes Bit hinter dem fünften rezessiven Bit eingefügt. Der empfangende Knoten hat das eingefügte Bit wiederum entfernt, so dass tatsächlich mehr als 5 rezessive Bits erfolgreich über den Bus gesendet wurden.

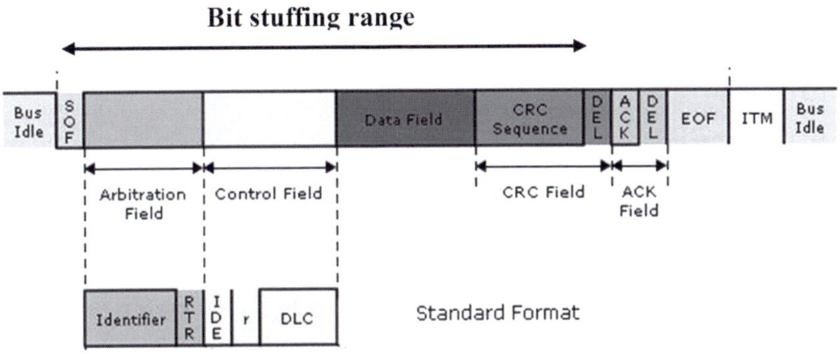

Abbildung 7.1: Felder, die Bitstopfen zulassen

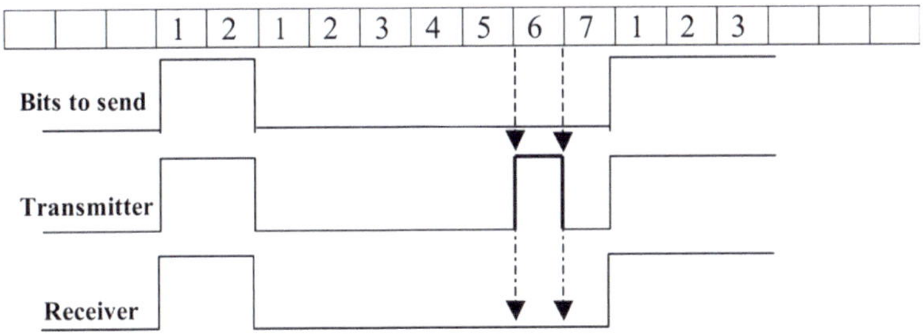

Abbildung 7.2: Beispiel für Bitstopfen (zusätzliches rezessives Bit)

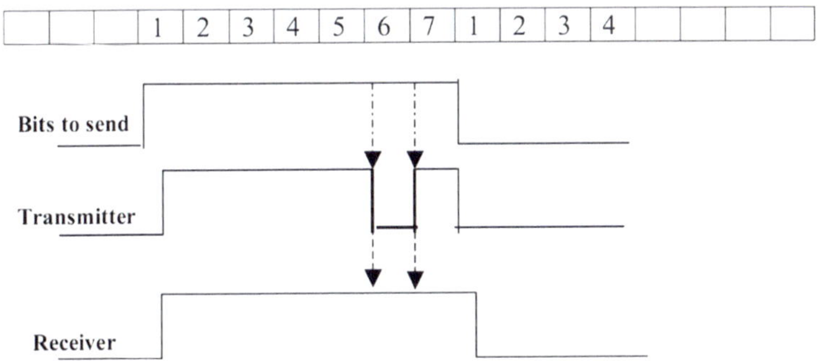

Abbildung 7.3: Beispiel für Bitstopfen (zusätzliches dominantes Bit)

7.3 CAN-Bus Fehlererkennung

Es gibt fünf Arte von Fehlern, die auf dem Bus vorkommen können. Falls einer dieser Fehler auftritt, wird der Fehler-Frame gesendet, was veranlasst, dass der momentan auf dem Bus befindliche Frame als fehlerhaft erklärt wird und deshalb von allen Knoten auf dem Bus verworfen wird. Diese Fehlertypen sind:

- Bitfehler,
- Bitstopffehler
- CRC-Fehler
- Frame-Fehler
- ACK-Fehler

Betrachten wir nun diese Fehlerbedingungen im Einzelnen.

7.3.1 Bitfehler

Wenn ein Knoten ein Bit über den Bus sendet, überwacht er gleichzeitig den Bus und vergleicht das übermittelte Bit mit dem momentanen Pegel auf dem Bus. Ein Bitfehler wird dann angenommen, wenn das gesendete Bit nicht mit dem Bitlevel auf dem Bus übereinstimmt.

Zu beachten ist, dass ein Bitfehler nicht während der Arbitrierungsphase auftritt, wenn ein Knoten ein rezessives Bit und ein anderer ein dominantes Bit übermittelt. Auch dann, wenn ein Knoten ein Fehler-Frame mit einer Folge von 6 rezessiven Bits schickt und auf dem Bus ein dominantes Bit erkannt wird, führt dies nicht zu einem Bitfehler.

7.3.2 Bitstopffehler

Ein Bitstopffehler entsteht dann, wenn das sechste Bit auf dem Bus das gleiche wie das fünfte Bit ist. Zu beachten ist, dass während der Übertragung eines Fehler-Frames oder eines Überlastungs-Frames, kein Bitstopffehler auftritt (selbst wenn 6 aufeinander folgende dominante Bits gesendet werden).

7.3.3 CRC-Fehler

Der sendende Knoten berechnet den CRC-Wert unter Berücksichtigung aller Bits vom SOF bis zum Ende des Datenfeldes und fügt den errechneten Wert in den Frame unmittelbar nach dem Datenfeld ein. Jeder empfangende Knoten berechnet ebenfalls den CRC-Wert und erwartet als Ergebnis denselben Wert wie den in dem Frame empfangenen Wert. Ein CRC-Fehler tritt dann auf, wenn der vom sendenden Knoten (innerhalb des Frames) übermittelte CRC-Wert nicht mit dem vom empfangenden Knoten errechnete CRC-Wert (der aus den empfangenen Bits ab SOF bis zum Ende des Datenfeldes ermittelt wird) übereinstimmt.

Wird ein CRC-Fehler festgestellt, wird der Fehler-Frame nach einer Verzögerung von 2 Bitzeiten gesendet, so dass keine Konfusion mit dem ACK-Slot entsteht).

7.3.4 Frame-Fehler

Frame-Fehler beziehen sich auf ein fehlerhaftes Format eines Frames. Ein Frame-Fehler ist festzustellen, wenn das statische Feld eines Frames nicht wie erwartet aussieht. Das ist der Fall, wenn z.B. der ACK-Delimiter oder der CRC-Delimiter fehlt oder wenn das EOF-Feld dominante Bits enthält oder wenn ein Interframe-Gap dominante Bits enthält.

7.3.5 ACK-Fehler

Der sendende Knoten überprüft den Bus und erwartet während des ACK-Slots ein dominantes Bit. Ein ACK-Fehler tritt also dann auf, wenn der sendende Knoten ein rezessives Bit während des ACK-Slots feststellt.

7.4 CAN-Bus Fehlerbegrenzung

Der CAN-Bus ist bekannt für hohe Zuverlässigkeit. Er ist in der Lage, Fehler zu erkennen und selbstständig zu korrigieren, wenn ein anomaler Zustand festgestellt wird. Jeder Knoten besitzt die Fähigkeit, Fehler zu melden, was von dem längerfristigen Verhalten des Knotens abhängt. Wenn ein Knoten z.B. kontinuierlich Fehler erzeugt, kann der Knoten sich freiwillig selbst vom Bus trennen, so dass er keinen Stillstand auf dem Bus verursacht.

Es gibt drei fundamentale Zustände, die bei jedem Knoten den Status der Fehlermeldung definieren:

- Error Active
- Error Passive
- Bus Off

Der Normalzustand eines Knotens ist ‚Error Active'. In diesem Zustand kann er alle Frames senden, einschließlich der Fehler-Frames.

Wenn sich ein Knoten im Zustand ‚Error Passive' befindet, kann der Knoten alle Frames mit Ausnahme des Fehler-Frames senden, d.h. der Knoten kann nicht an der Fehlererkennung auf dem Bus teilnehmen.

Im Zustand ‚Bus Off' ist der Knoten vom Bus getrennt und stoppt die Kommunikation.

Die CAN-Controller-Hardware jedes Knotens hat 2 interne Fehlerzähler, die dazu dienen, den Zustand des Knotens zu jedem Zeitpunkt zu bestimmen. Es sind folgende Zähler:

- Transmit Error Counter TEC (Sendefehlerzähler)
- Receive Error Counter REC (Empfangsfehlerzähler)

Der TEC-Zähler wird inkrementiert, wenn innerhalb des Knotens beim Senden eines Frames ein Fehler festgestellt wird. Im Falle der erfolgreichen Übertragung eines Frames wird der TEC-Zähler dekrementiert. Auf ähnliche Weise wird der REC-Zähler inkrementiert, wenn beim Empfangen eines Frames ein Fehler auftritt, und der REC-Zähler wird dekrementiert, wenn ein erfolgreicher Empfang durchgeführt wird.

Wenn einer der zwei Zähler in irgendeinem Knoten über den Wert 127 hinausgeht, wird der Zustand des Knotens ‚Error Passive'. In diesem Zustand kann der Knoten weiterhin Frames senden und empfangen, doch kenn er Frames auf dem Bus nicht zerstören, d.h. er kann keine Fehler-Frames senden). Weil die Fehlerzähler auch dekrementiert werden, ist es möglich, dass ein Knoten aus dem Zustand ‚Error Passive' auch wieder in den Normalzustand ‚Error Active' zurückkehrt, wenn beide seiner Fehlerzähler auf den oder unter den Wert 127 sinken.

Wenn andererseits die Fehlerzähler weiter inkrementieren, bleibt der Knoten im ‚Error Passive' Zustand bis der TEC-Zähler den Wert 255 übersteigt, worauf der Knoten in den Zustand ‚Bus Off' übergeht. In diesem Zustand schaltet der Knoten ab und hört auf, Frames auf dem Bus zu senden oder zu empfangen. Ein Knoten im Status ‚Bus Off' bleibt in diesem Zustand. Eine Rückkehr aus eigener Kraft ist nicht möglich. Durch erneute Initialisierung des Zählers oder des gesamten Bussystems sollte der Knoten wieder in den Normalzustand ‚Error Active‘ zurückgebracht werden. Abbildung 7.4 zeigt die CAN-Bus Fehlerzustände.

Der CAN-Bus wurde so entwickelt, dass seine Standards die strengsten Anforderungen der Anwendung im Automobilbereich erfüllen. Er ist so zuverlässig, dass rechnerisch ein unentdeckter Fehler nur einmal in 1000 Jahren auftritt, wenn das Netzwerk mit 250 kbit/s ein Jahr lang täglich 5 h mit einer durchschnittlichen Buslast von 25% betrieben wird.

In der obigen Aussage bedeutet ein unentdeckter Fehler, dass Bits in einer Nachricht in einer Weise beschädigt werden, die der CRC-Algorithmus nicht erkennen kann, und infolgedessen ein **faulty** Nachrichten-Frame auf den Bus ausgegeben wird. Dies bedeutet im Automobilbereich, dass in dem Fall, dass bei einem Auto, welches täglich 5 Stunden gefahren wird, ein Fehler in der Fahrzeugelektronik nur einmal alle 1000 Jahre unerkannt bleib, was weit über der Lebensdauer eines Automobils liegt.

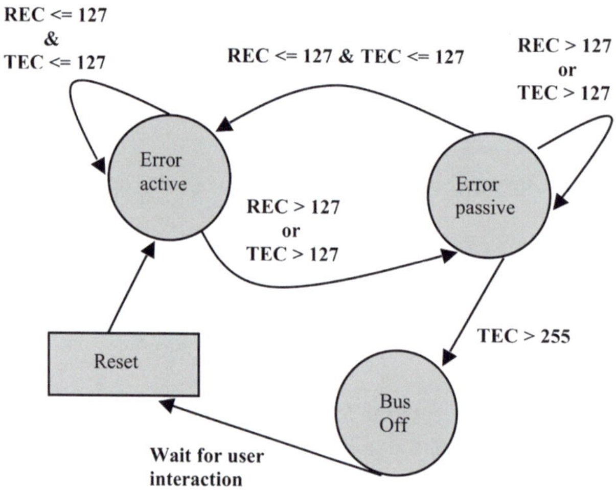

Abbildung 7.4: CAN-Bus Fehlerzustände

7.5 Zusammenfassung

Bei dem CAN-Bus handelt es sich um eine sehr zuverlässige Busstruktur. In diesem Kapitel wurden alle Fehlerbedingungen behandelt, die auf dem CAN-Bus auftreten können. Außerdem wurden Methoden der Fehlerbegrenzung erläutern. Es wurde erklärt, dass ein Knoten, der kontinuierlich einen Fehler meldet, sich selbst vom Bus trennen kann, so dass der Bus für andere Knoten des Systems funktionsfähig bleibt.

Kapitel 8 • CAN-Bus Analyzer

8.1 Übersicht

CAN-Bus Analyzer sind Hardware- und Software-Tools, die für die Entwicklung von Projekten mit CAN-Bus hilfreich sein können. In diesem Kapitel werden eine Reihe solcher Tools kurz beschrieben.

8.2 CAN-Bus Analyzer

Im Wesentlichen besteht ein CAN-Bus Analyzer aus einem kleinen Hardware-Teil (als Analyzer-Hardware bezeichnet) und einer speziellen Software, die üblicherweise auf einem PC läuft (als Analyzer-Software bezeichnet). Eine Seite der Analyzer-Hardware wird als Knoten an einen CAN-Bus angebunden, während das andere Ende gewöhnlich über einen USB-Stecker an einen PC angeschlossen wird. Sobald die Analyzer-Software gestartet wird, beginnt die Analyzer-Hardware damit, alle über den Bus gesendeten Frames zu erfassen und mit einem Zeitstempel zu versehen. Die erfassten Daten können nun analysiert werden, wobei eventuelle Fehler der Datenübertragung oder des Zeitablaufs auf dem Bus festgestellt werden können. Eine Bus-Analyseeinrichtung kann bei der Entwicklung eines Projekts auf der Basis eines CAN-Bus sehr nützlich sein. Außerdem können solche Tools wertvolle Ausbildungshilfen sein, mit dem Lernende die erfassten Datenstrukturen und Zeitabläufe leicht analysieren und die Kommunikationsprinzipien des CAN-Busses erlernen können. In diesem Kapitel werden wir uns einige der im Handel erhältlichen populären CAN-Bus Analyzer anschauen.

8.2.1 Microchip Inc. CAN bus analyzer

Hierbei handelt es sich um ein von Microchip Inc. hergestelltes preiswertes Tool (siehe Abbildung 8.1), das für die Entwicklung eines CAN-Netzwerks und die Fehlersuche eingesetzt werden kann. Es unterstützt CAN 2.0B und entspricht ISO11898. Das Tool beinhaltet eine grafische Software, was die Analyse eines CAN-Bus Netzwerks erleichtert. Seine Grundeigenschaften sind:

- Unterstützung der Standards CAN 2.0B und ISO11898-2
- PC-Schnittstelle für Funktionen wie Konfiguration, Verfolgung, Übertragung, Filterung usw.
- Direkter Zugang zu den Signalen CAN H und CAN L, CAN TX und CAN RX für die Fehlersuche
- Flexible CAN-Bus Schnittstellenoptionen wie Standardstecker DB9 oder Schraubanschlüsse
- Softwarekontrolle von Abschlusswiderstand und LED-Anzeige für Status-, Übertragungs- und Busfehler

Abbildung 8.1: Microchip, Inc. CAN bus analyzer (www.microchip.com)

Abbildung 8.2 zeigt das Beispiel einer Anzeige von diesem Tool.

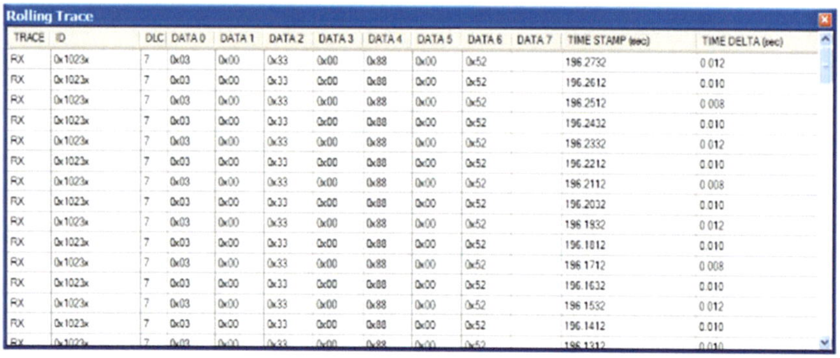

Rolling Trace

TRACE	ID	DLC	DATA 0	DATA 1	DATA 2	DATA 3	DATA 4	DATA 5	DATA 6	DATA 7	TIME STAMP (sec)	TIME DELTA (sec)
RX	0x1023x	7	0x03	0x00	0x33	0x00	0x88	0x00	0x52		196.2732	0.012
RX	0x1023x	7	0x03	0x00	0x33	0x00	0x88	0x00	0x52		196.2612	0.010
RX	0x1023x	7	0x03	0x00	0x33	0x00	0x88	0x00	0x52		196.2512	0.008
RX	0x1023x	7	0x03	0x00	0x33	0x00	0x88	0x00	0x52		196.2432	0.010
RX	0x1023x	7	0x03	0x00	0x33	0x00	0x88	0x00	0x52		196.2332	0.012
RX	0x1023x	7	0x03	0x00	0x33	0x00	0x88	0x00	0x52		196.2212	0.010
RX	0x1023x	7	0x03	0x00	0x33	0x00	0x88	0x00	0x52		196.2112	0.008
RX	0x1023x	7	0x03	0x00	0x33	0x00	0x88	0x00	0x52		196.2032	0.010
RX	0x1023x	7	0x03	0x00	0x33	0x00	0x88	0x00	0x52		196.1932	0.012
RX	0x1023x	7	0x03	0x00	0x33	0x00	0x88	0x00	0x52		196.1812	0.010
RX	0x1023x	7	0x03	0x00	0x33	0x00	0x88	0x00	0x52		196.1712	0.008
RX	0x1023x	7	0x03	0x00	0x33	0x00	0x88	0x00	0x52		196.1632	0.010
RX	0x1023x	7	0x03	0x00	0x33	0x00	0x88	0x00	0x52		196.1532	0.012
RX	0x1023x	7	0x03	0x00	0x33	0x00	0x88	0x00	0x52		196.1412	0.010
RX	0x1023x	7	0x03	0x00	0x33	0x00	0x88	0x00	0x52		196.1312	0.010

Abbildung 8.2: Microchip, Inc. CAN bus analyzer Anzeigebeispiel

8.2.2 CANdo

CANdo ist eine USB-zu-CAN-Bus Schnittstelle (Abbildung 8.3), die direkt zwischen einem PC und dem CAN-Bus Netzwerk eingefügt wird. Zusammen mit der CANdo-Anwendung ist es ein leistungsstarkes Mittel für die Analyse von CAN-Netzwerken.

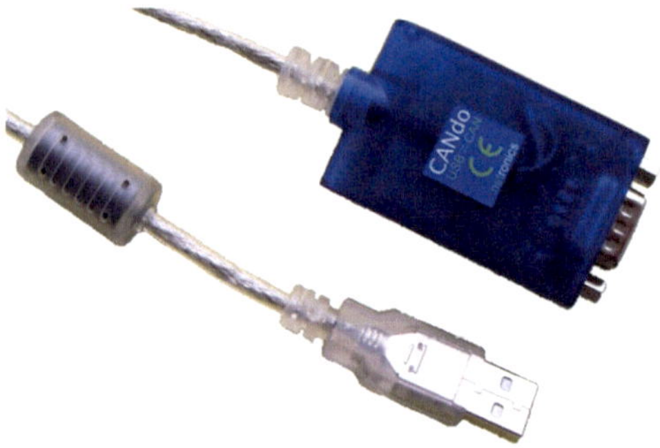

Abbildung 8.3: CANdo Analysator (www.cananalyser.com)

Abbildung 8.4 zeigt das Beispiel einer Anzeige von diesem Tool.

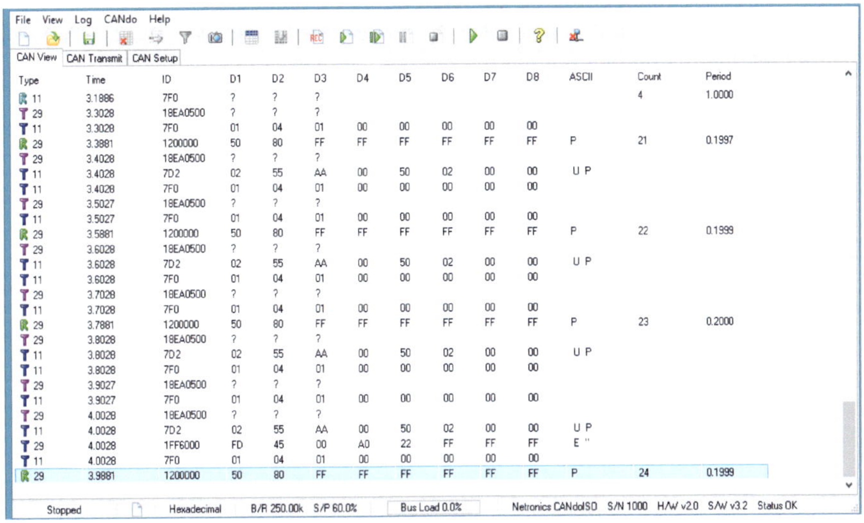

Abbildung 8.4: CANdo Anzeigebeispiel

8.2.3 PCAN-Explorer

Das Programm PCAN®-Explorer von PEAK-System Technik GmbH Darmstadt (Bild 8.5) lässt erkennen, was auf dem CAN-Bus geschieht. Es kann außerdem für die Steuerung und Beeinflussung von CAN-Bussystemen, für die Fehlersuche am System und für die Steuerung des Systems mit einem PC-Programm verwendet werden.

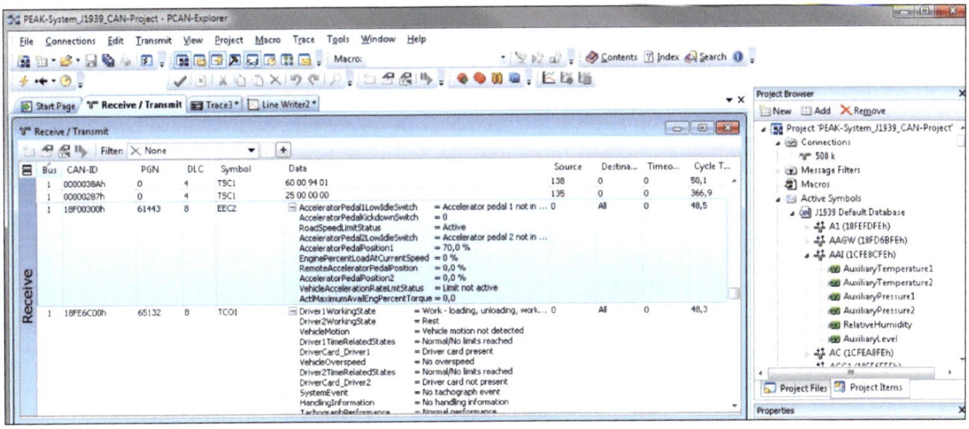

Abbildung 8.5: Abbildung 8.5: PCAN-Explorer. (www.peak-system.com)

Einige der Spezifikationen von PCAN-Explorer sind:

- Zeigt in einer Empfangsliste alle empfangenen Nachrichten mit Nachrichten-ID, Länge und Datenbytes an
- Anzeige der empfangenen Remote Frames mit Anzahl und Empfangsintervall

- Jede Anzahl von Nachrichten kann in eine Sendeliste gegeben werden, die dann gesendet werden, entweder in festen Intervallen, manuell, über Funktionstasten oder als Antwort auf die Anfrage eines Remote Frames
- Variable Puffergröße
- Fehler können protokolliert werden
- Protokollierte Daten können im Excel-Format gespeichert werden, um sie mit Excel offline zu analysieren
- Die zu protokollierenden Nachrichten können vom Anwender gewählt werden

Das Beispiel einer Datenprotokollierung ist in Abbildung 8.6 zu sehen.

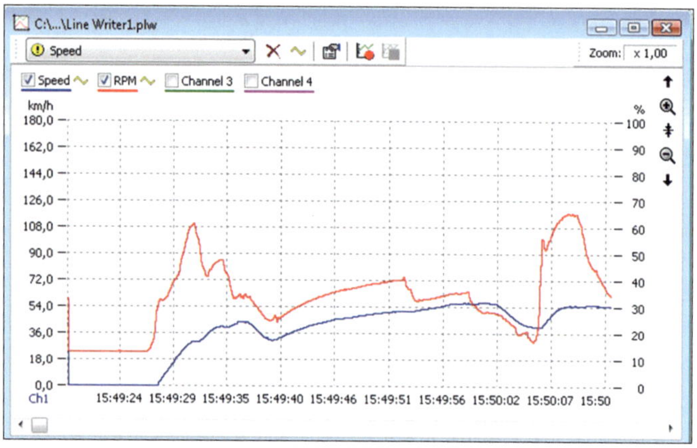

Abbildung 8.6: Beispiel eines Datenprotokolls

8.2.4 CAN-Bus-Tester 2 (CBT2)

Dieses Tool (Abbildung 8.7) unterstützt die Systeme CAN, CANopen, DeviceNet und SAE J1939 und dient bei einem CAN-Netzwerk der Analyse, Überwachung und Fehlersuche. Der Tester bietet eine Übersicht über die Rauschabstände auf dem Bus, wodurch Fehlerursachen identifiziert und möglicherweise korrigiert werden können.

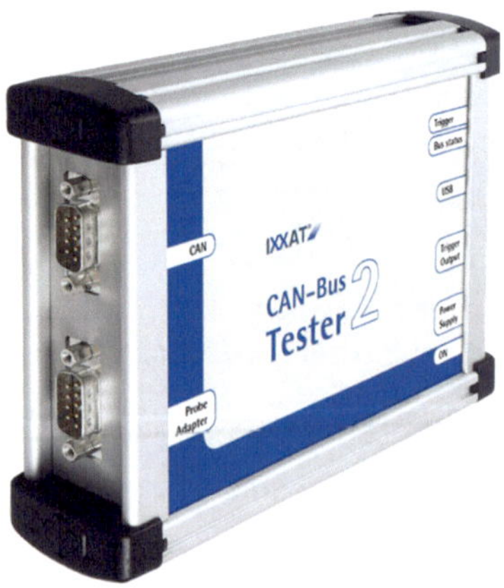

Abbildung 8.7: CAN-Bus-Tester 2 (www.ixxat.com)

Einige der Eigenschaften dieses Tools sind:

- Integriertes Oszilloskop mit Dateninterpretation
- Umfassende Trigger-Bedingungen für die Fehlerlokalisierung
- Überwachung von Bus-Status, Busbelastung und Fehlern
- Prüfung der Busleitungen einschließlich der Abschlusswiderstände, Kurzschlüsse, Schleifenwiderstand, Leitungslänge usw.
- Automatische Erfassung der Baudrate
- Betrieb mit dem Programm Windows auf dem PC
- Erstellung von Prüfprotokollen
- Überwachung des Empfangs und der Sendung von Nachrichten auf dem Bus

Abbildung 8.8 zeigt Beispiele von Darstellungen, die dieses Tool erzeugt.

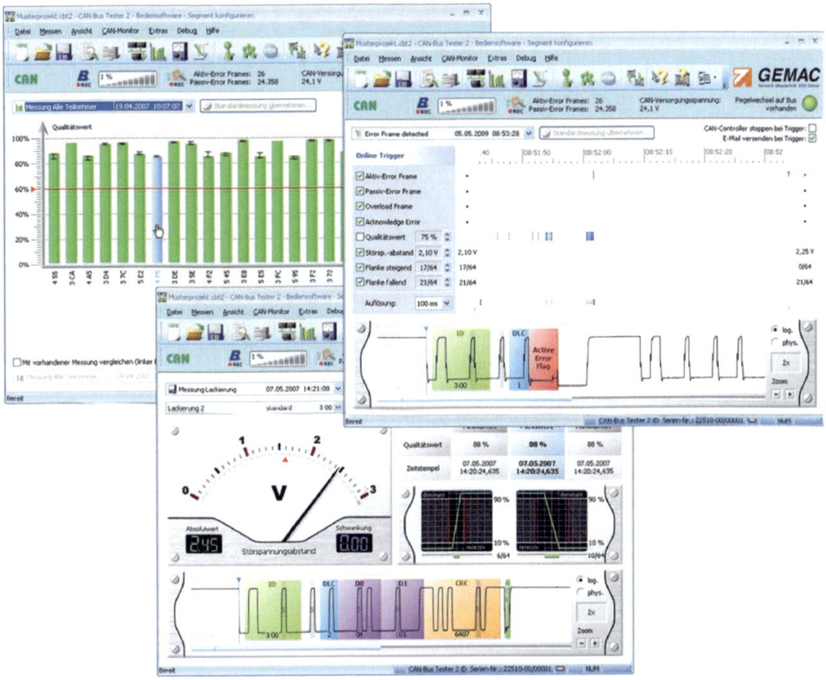

Abbildung 8.8: Beispiele für Anzeigen von CBT2

8.2.5 BitScope Logic

BitScope Logic ist ein Logik- und Protokoll-Analysator mit 12 Kanälen, der als vielseitiger Logikanalysator oder zur Analyse von Protokollen wie SPI, I²C und CAN-Bus eingesetzt werden kann. Das System umfasst mehrere Modelle von Hardware (Modell 10 zeigt Abbildung 8.9) und Software (siehe Abbildung 8.10).

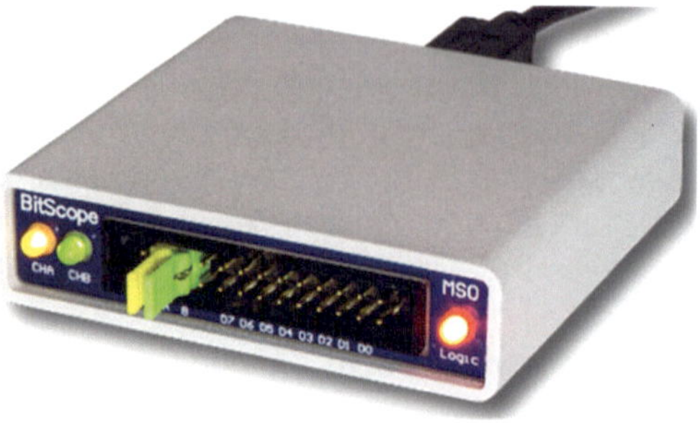

Abbildung 8.9: BitScope Modell 10 (www.bitscope.com)

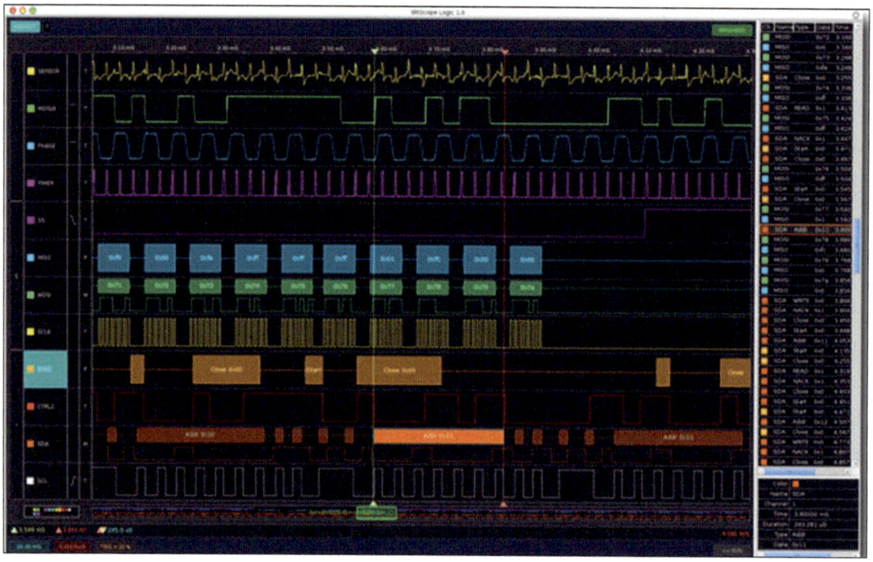

Abbildung 8.10: Beispiel einer Anzeige von BitScope

Die Grundeigenschaften von BitScope sind:

- Analyse von SPI, CAN, I^{2}C und async serial Protokollen
- Bis zu 8 Kanäle
- Datenpaket-Inspektion
- Eingebautes Oszilloskop (4 Kanäle)
- Farblich kodierte Kanäle mit Benutzerkennung
- Trace-Navigator, Cursors und Paketlisten

8.2.6 LAP-C Logikanalysator

LAP-C ist ein Mehrzweck-Logikanalysator (Abbildung 8.11), der über eine Vielzahl von Protokollanalysefunktionen verfügt. Abhängig von der Speichergröße und Funktionalität gibt es mehrere Modelle dieses Logikanalysators. Einige der Protokolle, die mit LAP-C analysiert werden können, sind:

- SPI
- I²C
- CAN
- RS232/RS485
- LIN
- USB
- 7-Segment LED
- PS/2
- Microwire
- 1-wire
- UART

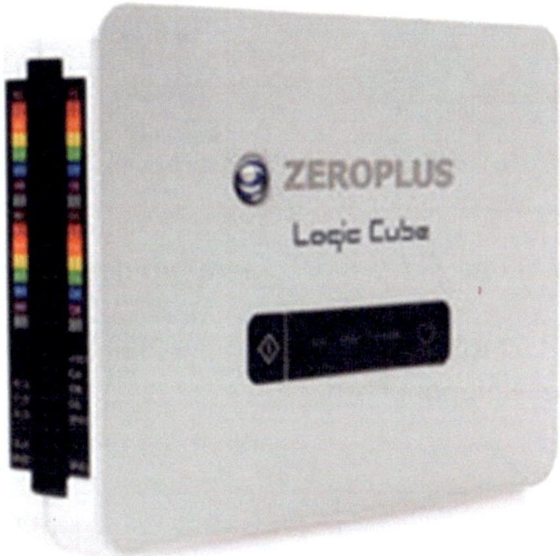

Abbildung 8.11: LAP-C Logikanalysator (www.zeroplus.com)

8.3 Projekt 11: CAN-Bus Sniffer

Beschreibung: Bei manchen Anwendungen möchten wir wissen, was auf dem CAN-Bus ist. In diesem Projekt werden wir folgende CAN-Busdaten erfassen, die auf dem Serial Monitor von IDE angezeigt werden:

Knoten-ID
Nachrichtengröße
Nachricht an sich

Bei diesem Projekt werden zwei Arduino Unos und zwei CAN-Bus Schnittellenmodule benutzt. Die Knoten haben die Bezeichnungen **SND** und **CATCH**. Der Knoten **SND** sendet alle 5 s Daten (mit Zufallszahlen zwischen 1 und 100) über den Bus. Der Knoten **CATCH** erfasst alle Daten auf dem Bus und zeigt die zugehörige Nachrichten-ID, Nachrichtengröße und die Nachrichteninhalt an.

Es wird davon ausgegangen, dass der Bus Sniffer (Knoten **CATCH**) dieselbe Bitrate wie die anderen Knoten auf dem Bus verwendet (bei manchen Anwendungen ist die Bitrate auf dem Bus eventuell nicht bekannt).

Blockdiagramm: Abbildung 8.12 zeigt das Blockdiagramm. Man verwendet nur einen Knoten, um die Daten auf dem Bus zu erfassen und darzustellen.

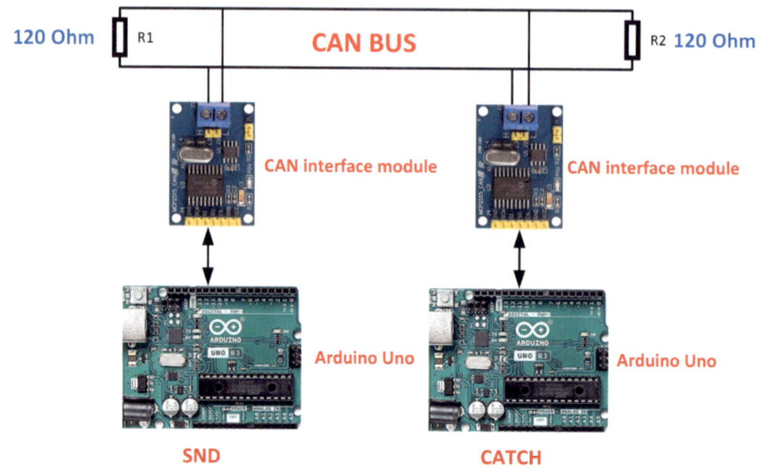

Abbildung 8.12: Blockdiagramm des Projekts

Schaltbild: Das Schaltbild ist in Abbildung 8.13 abgebildet. Bei diesem Projekt gibt es keine externen Sensoren oder Komponenten.

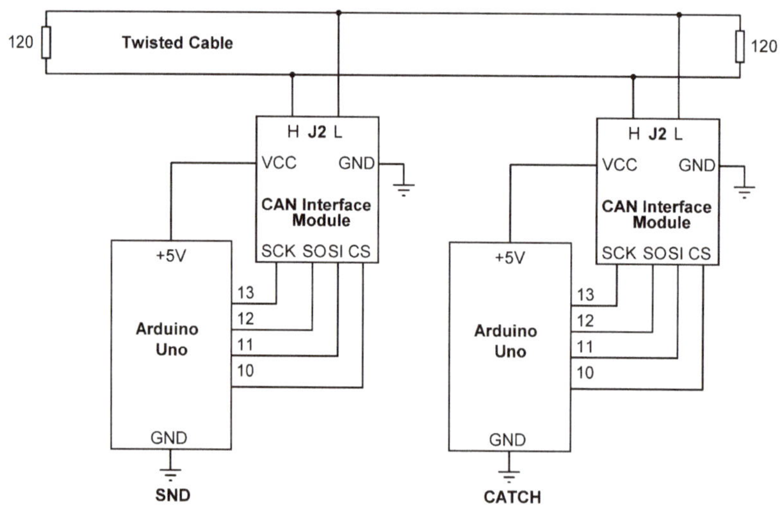

Abbildung 8.13: Schaltbild des Projekts

Knoten: SND - Auflistung des Programms

Abbildung 8.14 stellt die Programmliste (Programm: **SND**) dar. Am Anfang des Programms sind die Header-Dateien *SPI.h* und *mcp2515* in das Programm eingefügt. Innerhalb der Funktion **setup()** wird der CAN-Bus konfiguriert. Innerhalb der Hauptprogrammschleife werden Zufallszahlen zwischen 1 und 100 erzeugt, die dann über den CAN-Bus übertragen werden. Die Byteanzahl ist auf 1 eingestellt.

```
/*----------------------------------------------------------
                        SND
                        ===

This program generates random numbers between 1 and 100 and
sends them over the CAN bus. Node CATCH catches all the
data on the bus and tabulates the message ID, message size,
and the message itself.

Author: Dogan Ibrahim
File  : SND
Date  : December 2022
----------------------------------------------------------*/
#include <SPI.h>
#include <mcp2515.h>

#define CS 10
int RandomNumber;

struct can_frame MyMsg;
MCP2515 mcp2515(CS);                          // SPI CS

void setup()
{
  SPI.begin();
  mcp2515.reset();
  mcp2515.setBitrate(CAN_500KBPS, MCP_8MHZ);  // CAN bus config
  mcp2515.setNormalMode();                    // Normal mode
}

void loop()
{
  RandomNumber = random(1, 101);              // Random number
  MyMsg.can_id = 0x30;                        // CAN ID
  MyMsg.can_dlc = 1;                          // 1 byte
  MyMsg.data[0] = RandomNumber;               // Number in data[0]
  mcp2515.sendMessage(&MyMsg);                // Send message
  delay(5000);                                // Wait 5 secs
}
```

Abbildung 8.14: Programm: **SND**

Knoten: CATCH - Auflistung des Programms

Abbildung 8.15 stellt die Programmliste (Programm: **CATCH**) dar. Am Anfang des Programms sind die Header-Dateien *SPI.h* und *mcp2515* in das Programm eingefügt. Innerhalb der Funktion **setup()** wird der CAN-Bus konfiguriert und der Serial Monitor auf die Baudrate 9600 eingestellt. Innerhalb der Hauptprogrammschleife werden die Nachrichten-ID, die Nachrichtengröße und der Nachrichteninhalt in den Variablen **id**, **msg** und **sz** gespeichert. Diese Variablen werden in Tabellenform auf dem Serial Monitor angezeigt.

```
/*---------------------------------------------------------
                      CATCH
                      =====

This program receives data over the CAN bus and displays the
message ID, message size, and the contents of the message.
The data is displayed on the Serial Monitor

Author: Dogan Ibrahim
File  : CATCH
Date  : December 2022
---------------------------------------------------------*/
#include <SPI.h>
#include <mcp2515.h>

#define CS 10
int msg, id, sz;
struct can_frame MyMsg;
MCP2515 mcp2515(CS);                          // SPI CS

void setup()
{
  Serial.begin(9600);                         // Serial Monitor
  Serial.println("ID\tSize\tMessage");
  Serial.println("==\t====\t=======\t");

  SPI.begin();
  mcp2515.reset();
  mcp2515.setBitrate(CAN_500KBPS, MCP_8MHZ);  // CAN config
  mcp2515.setNormalMode();                    // Normal mode
}

void loop()
{
  if(mcp2515.readMessage(&MyMsg) == MCP2515::ERROR_OK)
  {
    msg = MyMsg.data[0];
    id = MyMsg.can_id;
```

```
    sz = MyMsg.can_dlc;

    Serial.print(id);
    Serial.print("\t");
    Serial.print(sz);
    Serial.print("\t");
    Serial.println(msg);
  }
}
```

Abbildung 8.15: Programm: **CATCH**

Test des Projekts: Verbinden Sie die Elemente der Schaltung gemäß Darstellung in Abbildung 8.13. Versorgen Sie die Arduino Unos mit Spannung, und starten Sie den Monitor auf Knoten **CATCH**. Jetzt sollten die auf dem Bus befindlichen Daten in Tabellenform angezeigt werden. Ein Beispiel dafür zeigt Abbildung 8.16.

Zu beachten ist, dass aus Gründen der Einfachheit in diesem Beispiel nur 1 Byte an Daten übertragen wird. Doch kann der Datenumfang nach Bedarf erweitert werden. Beispielsweise kann eine **for** Loop mit **k** als Loop Count eingerichtet werden. Die empfangenen Datenbytes **MyMsg.data[k]** können angezeigt werden, da **k** von 0 bis **MyMsg.can_dlc** reicht.

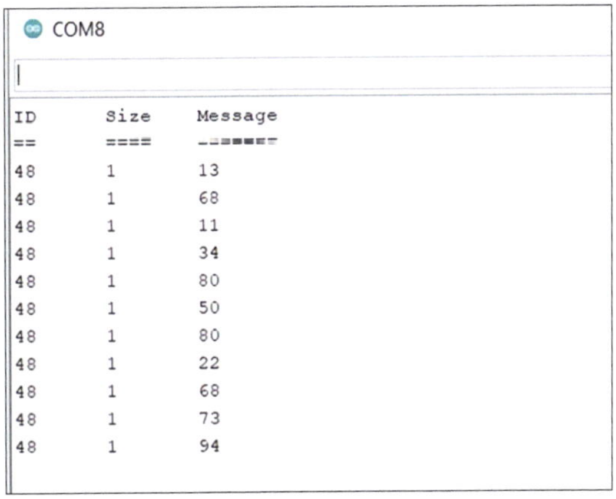

Abbildung 8.16: Daten auf dem CAN-Bus

8.4 Zusammenfassung

In diesem Kapitel wurden das wichtige Thema der CAN-Bus Entwicklungstools behandelt. Ohne Entwicklungstool ist die Entwicklung eines Projekts sehr schwierig, besonders wenn es sich um ein komplexes Projekt auf Basis des CAN-Busses handelt.

Die Hardware-Tools bestehen aus Entwicklungsplatinen. Es wurde darauf hingewiesen, dass manche Firmen integrierte Entwicklungs-Tools anbieten, bei denen ein komplettes CAN-Bussystem mit einigen wenigen Knoten bereitgestellt wird. Durch Zusammenbau der gelieferten Hardware kann man auf einfache Weise einen CAN-Bus aufbauen. Darüber hinaus stehen auch Compiler für höhere Programmsprachen zur Verfügung, mit denen der Anwender seine Programme leicht erstellen und testen und die Fehler beseitigen kann.

CAN-Bus Analysatoren sind ein wichtiger Teil bei der Entwicklung von Projekten auf CAN-Bus-Basis. Mit Hilfe solcher Analysatoren kann der Anwender die über den CAN-Bus laufenden Daten überwachen und protokollieren. Während der Entwicklung eines CAN-Bus Projekts kann der Programmierer beispielsweise die Datenpakete auf dem Bus untersuchen und sicherstellen, dass die korrekten Daten zum jeweils korrekten Zeitpunkt übertragen werden. Außerdem können CAN-Bus Analysatoren für die Ausbildung eingesetzt werden, um die Struktur von Datenpaketen und deren Zeitabfolge auf dem CAN-Bus zu erlernen. Mit Hilfe der Analysatoren können Daten protokolliert und dann offline im Detail ausgewertet werden.

Kapitel 9 • CAN-Busprojekte mit Raspberry Pi

9.1 Übersicht

In diesem Kapitel wird beschrieben, wie Sie Projekte entwickeln, bei denen die Entwicklungsplatinen Raspberry Pi verwendet werden, die über CAN-Bus Schnittstellenmodule an den CAN-Bus angebunden sind. Dafür benutzen wir in diesen Projekten den Typ Raspberry Pi 4.

9.2 Projekt 11: Einfache CAN-Bus Kommunikation zwischen Raspberry Pi und Arduino Uno

Beschreibung: Dieses Projekt benutzt die beiden Knoten **RPISND** und **ARCATCH**. Knoten **RPISND** ist der Raspberry Pi Knoten, mit dem Zahlen und Buchstaben über den CAN-Bus gesendet werden. **ARCATCH** ist der Arduino Uno Knoten, der diese Zahlen und Buchstaben empfängt und auf dem Serial Monitor anzeigt.

Blockdiagramm: Abbildung 9.1 zeigt das Blockdiagramm.

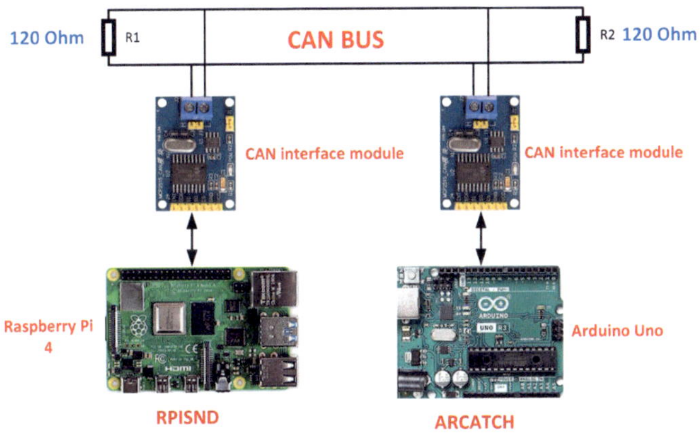

Abbildung 9.1: Blockdiagramm des Projekts

SPI-Bus-Pins von Raspberry Pi 4: Abbildung 9.2 zeigt die Pin-Belegung von Raspberry Pi 4. Es gibt 2 SPI-Ports (SPI0 und SPI1) mit den folgenden GPIO-Pins:

SPIO GPIO Pins	SPI-Funktion
GPIO 7	CE1
GPIO 8	CE0
GPIO 9	MISO
GPIO 10	MOSI
GPIO 11	SCLK

SPI1 GPIO Pins	SPI-Funktion
GPIO 16	CE2
GPIO 17	CE1
GPIO 18	CE0
GPIO 19	MISO
GPIO 20	MOSI
GPIO 21	SCLK

Im Normalzustand ist SPI0 aktiviert. Durch Eingabe des nachstehenden Statements in die Datei */boot/config.txt* kann SPI1 aktiviert werden:

dtoverlay=spi1-3cs

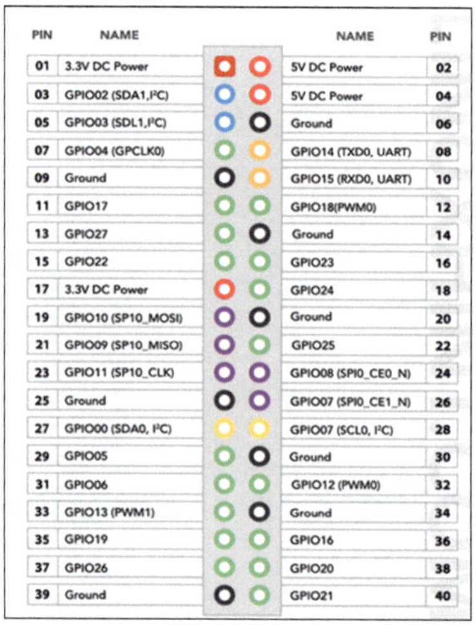

Abbildung 9.2: Pin-Belegung von Raspberry Pi 4

Schaltbild: Der Chip MCP2515 arbeitet mit +3,3 V bis +5 V. Leider arbeitet der Chip TJA1050 nur mit +5 V, und die beiden Chips MCP2515 und TJA1050 haben auf dem CAN-Bus Schnittstellenmodul eine gemeinsame Spannungsversorgung. Raspberry Pi ist nicht mit +5 V kompatibel, weshalb das CAN-Bus Schnittstellenmodul nicht direkt an Raspberry Pi angeschlossen werden kann. Es gibt dafür jedoch Lösungen.

1. Sie können einen ohmschen Spannungsteiler benutzten, um die Spannungen an den Pins SO und INT des Schnittstellenmoduls von 5 V auf 3,3 V zu reduzieren, damit sie kompatibel mit den Eingängen des Raspberry Pi sind. Das Problem dabei ist, dass Sie die SI-, CS- und MOSI-Ausgangsspannungen von Raspberry Pi wieder von 3,3 V auf 5 V erhöhen müssen, da MCP2515 für seine hohe Eingangsspannung mindestens 0,7 x 5 = 3,5 V benötigt. Das erfordert die Verwendung von Spannungspegel-Umsetzern.

2. Eine andere Lösung besteht darin, das TJA1050-Chip vom Schnittstellenmodul zu entfernen und durch ein CAN-Bus Transceiver-Modul zu ersetzen, das mit 3,3 V arbeiten kann (z.B. SN65HVD230).

3. Eine weitere Lösung ist die, die in diesem Buch angewendet wird. Dabei werden die gemeinsamen +5 V Spannungsversorgungsleitungen auf dem Schnittstellenmodul getrennt. Das Schnittstellenmodul kostet nicht viel, weshalb diese Maßnahme gerechtfertigt ist. Dazu müssen Sie die Leiterbahn auf der Rückseite der Schnittstellenplatine, welche den Spannungsversorgungs-Pin des Chips MCP2515 mit dem Spannungsversorgungs-Pin von TJA1050 verbindet, durchtrennen. Das Durchschneiden der Leiterbahn auf der Platine ist die Verantwortung des Lesers! Danach löten Sie einen Draht auf der Platinenrückseite an Spannungsversorgungs-Pin von TJA1050 (Abbildung 9.3). Alternativ dazu können Sie nach Durchtrennen der Leiterbahn einen dünnen Draht an ein Ende von Bauteil C5 nahe Pin 3 (Spannungsversorgungs-Pin) von TJA1050 anschließen. Danach müssen Sie den VCC-Anschlussstift an 3,3 V von Raspberry Pi (Pin 1) anschließen und den neu eingelöteten Draht mit +5 V von Raspberry Pi (Pin 2) verbinden. Der neu eingelötete Draht ist als **NS*** in Abbildung 9.4 zu sehen.

Hinweis: Der Chip TJA1050 kann einen Strom von bis zu 75 mA ziehen. Während des Reboots kann Raspberry Pi hohe Ströme von der Spannungsversorgung ziehen. Falls Sie weitere Module an Ihr Raspberry Pi 4 wie z.B. ein SSD-Laufwerk, einen CPU-Lüfter oder andere Schnittstellen-Geräte angeschlossen haben, kann es sein, dass der Strom von Ihrer Spannungsversorgung nicht ausreicht, und Ihr Raspberry Pi 4 kann nicht korrekt hochfahren (booten).Falls dies der Fall ist, sollten Sie den +5 V Pin des TJA1050 vom +5 V Anschluss des Raspberry Pi 4 trennen, bis das Raspberry Pi hochgefahren ist, worauf die Verbindung zu +5 V von Raspberry Pi wieder hergestellt werden kann.

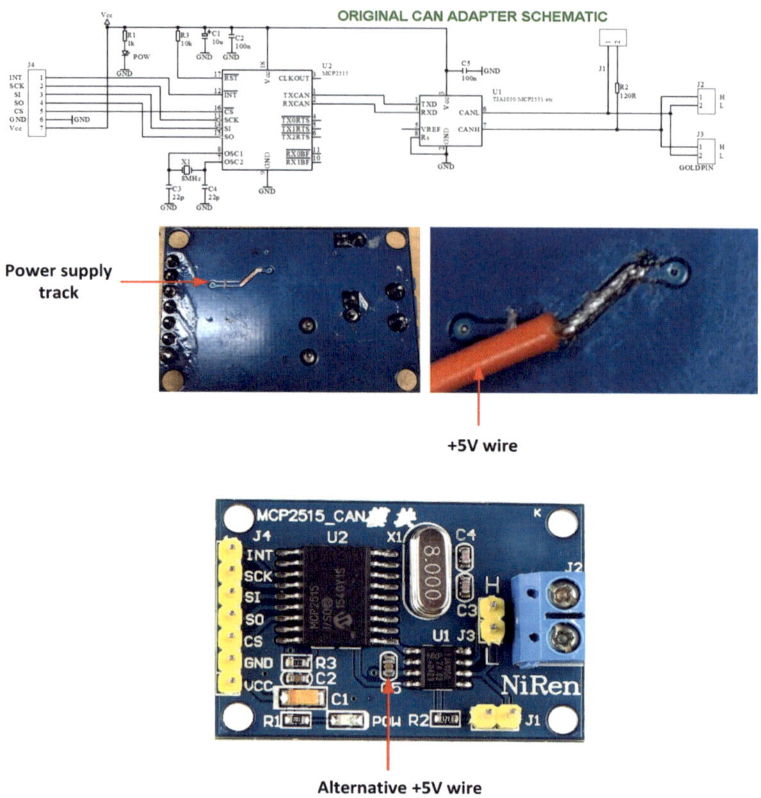

Abbildung 9.3: Trennen der Spannungsversorgungs-Pins von MCP2515 und TJA1050

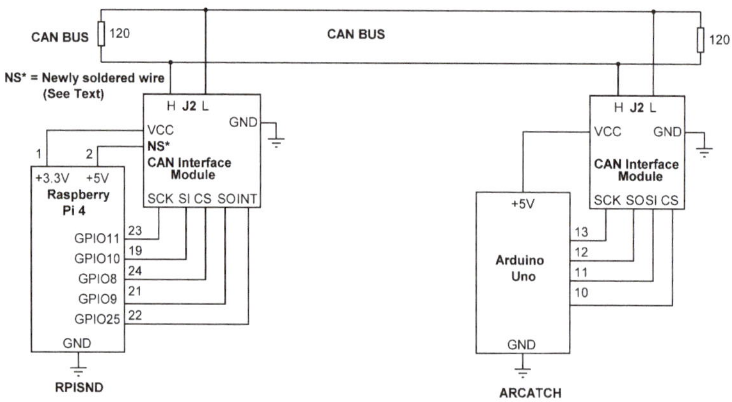

Abbildung 9.4: Schaltbild des Projekts

Sie müssen den SPI-Bus freigeben und die MCP2515 Library installieren, bevor Sie Ihr Raspberry Pi Programm erstellen. Die Schritte dazu sind:

- Mit dem folgenden Befehl den SPI-Bus freigeben:
  pi@raspberrypi:~ $ sudo raspi-config

- Scrollen Sie herunter zu **3. Interface Options**

- Wählen Sie **SPI** und dann **YES**, um es zu aktivieren

- Wählen Sie **Finish**, um es zu verlassen

- Fügen Sie zur Datei **/boot/ config.txt** die folgende Zeile hinzu:
  dtoverlay=mcp2515-can0,oscillator=08000000,interrupt=25

- Installieren Sie die CAN-Utilities:
  pi@raspberrypi:~ $ sudo apt-get install can-utils

CAN-utils beinhaltet Applikationen wie:

- **candump** - CAN-Pakete auslesen (z.B. zum Anzeigen, Filtern oder auf CD speichern)
- **canplayer** - CAN-Logdateien wieder anzeigen
- **cansend** - einen einzelnen Frame senden
- **cangen** - zufällige Datenströme erzeugen
- **canbusload** - die momentane CAN-Bus Nutzung anzeigen

Verbinden Sie das CAN-Bus Schnittstellenmodul mit Ihrem Raspberry Pi, wie in Abbildung 9.4 dargestellt. Geben Sie den nachstehenden Befehl ein, um die Bitrate auf 250 kbit/s einzustellen. Übliche Bitraten sind: 10000, 20000, 50000, 100000, 120000, 250000, 500000, 800000, 1000000.

pi@raspberrypi:~ $ sudo /sbin/ip link set can0 up type can bitrate 250000

Sie dürfen jetzt keine Fehlermeldungen erhalten. Die CAN-Schnittstelle verhält sich wie eine Netzwerk-Schnittstelle. Sie sollten in der Lage sein, mit dem Netzwerk-Konfigurationsbefehl **ifconfig** verschiedene Statistiken zu erhalten (siehe Abbildung 9.5)

pi@raspberrypi:~ $ ifconfig

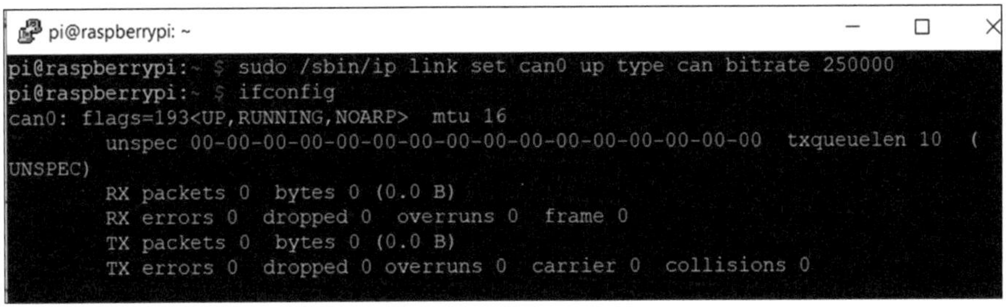

Abbildung 9.5: Befehl **ifconfig**

Um eine Einstellung zu ändern, ist zunächst die CAN-Schnittstelle herunterzubringen durch:

pi@raspberrypi:~ $ sudo ip link set can0 down

Knoten: ARCATCH Arduino Uno – Auflistung des Programms
Abbildung 9.6 stellt die Programmliste (Programm: **ARCATCH**) dar. Innerhalb der Funktion **setup()** wird der CAN-Geschwindigkeit auf 250 kbit/s eingestellt, und der Serial Monitor wird auf die Baudrate 9600 konfiguriert. Angezeigt wird nun der Text **Start**. Innerhalb der Hauptprogrammschleife zeigt das Programm die über den CAN-Bus empfangenen Daten an.

```
/*-------------------------------------------------------
                      ARCATCH
                      ========

This program receives data over the CAN bus and displays the
message on the Serial Monitor

Author: Dogan Ibrahim
File  : ARCATCH
Date  : December 2022
---------------------------------------------------------*/
#include <SPI.h>
#include <mcp2515.h>

#define CS 10
char msg;
struct can_frame MyMsg;
MCP2515 mcp2515(CS);                              // SPI CS
void setup()
{
  Serial.begin(9600);                             // Serial Monitor
  SPI.begin();
  mcp2515.reset();
  mcp2515.setBitrate(CAN_250KBPS, MCP_8MHZ);      // CAN config
  mcp2515.setNormalMode();                        // Normal mode
  Serial.println("Start");
}

void loop()
{
  if(mcp2515.readMessage(&MyMsg) == MCP2515::ERROR_OK)
  {
    Serial.println(«Received»);
    for(int j = 0; j < 8; j++)
    {
```

```
        msg = MyMsg.data[j];
        Serial.println(msg);
      }
    }
  }
```

Abbildung 9.6: Programm: ***ARCATCH***

Knoten: RPISND: Der Befehl **cansend** wird bei Raspberry Pi benutzt, um Daten über den CAN-Bus zu übertragen. Der folgende Befehl wurde am Terminal eingegeben:

pi@raspberrypi:~ $ cansend can0 5a1#4142434445464748

Hierbei ist can0 der Gerätename, **5a1** ist die CAN-ID, und die folgenden Bytes sind die Datenbytes. Zu beachten ist, dass der obige Befehl eine ID von 11 Bit benutzt. Um eine ID mit 29 Bit zu verwenden, ist die ID auf **000005a1** zu ändern.

Test des Projekts: Abbildung 9.7 zeigt die Daten, die auf dem Serial Monitor angezeigt werden.

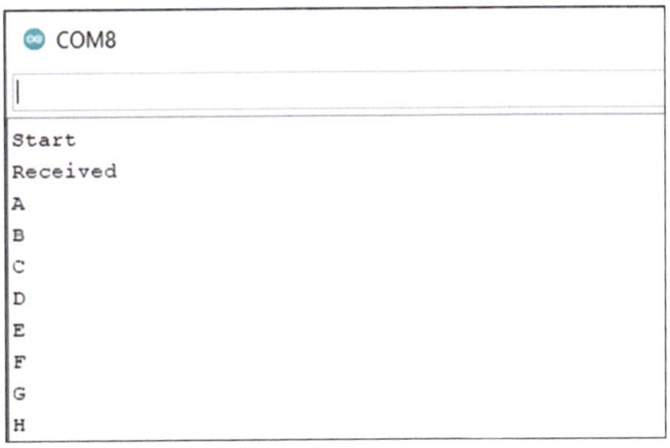

Abbildung 9.7: Angezeigte Daten

Durch Eingabe des Befehls **cansend** wird das Format dieses Befehls angezeigt wie in Abbildung 9.8 dargestellt.

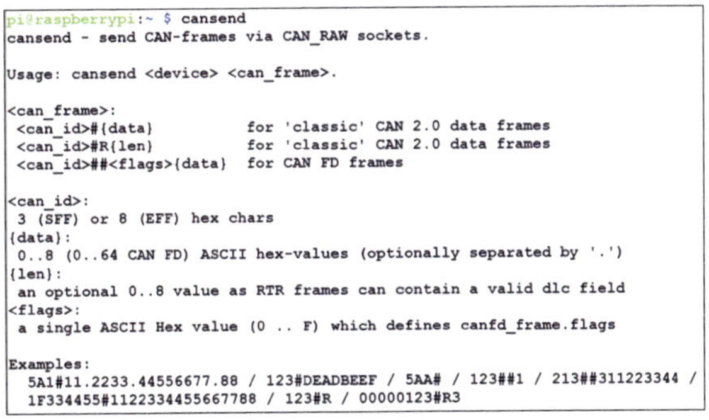

```
pi@raspberrypi:~ $ cansend
cansend - send CAN-frames via CAN_RAW sockets.

Usage: cansend <device> <can_frame>.

<can_frame>:
 <can_id>#{data}          for 'classic' CAN 2.0 data frames
 <can_id>#R{len}          for 'classic' CAN 2.0 data frames
 <can_id>##<flags>{data}  for CAN FD frames

<can_id>:
 3 (SFF) or 8 (EFF) hex chars
{data}:
 0..8 (0..64 CAN FD) ASCII hex-values (optionally separated by '.')
{len}:
 an optional 0..8 value as RTR frames can contain a valid dlc field
<flags>:
 a single ASCII Hex value (0 .. F) which defines canfd_frame.flags

Examples:
  5A1#11.2233.44556677.88 / 123#DEADBEEF / 5AA# / 123##1 / 213##311223344 /
  1F334455#1122334455667788 / 123#R / 00000123#R3
```

Abbildung 9.8: Befehl cansend

9.3 Projekt 12: Raspberry Pi zeigt Nachrichten vom CAN-Bus

Beschreibung: Dieses Projekt benutzt die beiden Knoten **ARSND** und **RPICATCH**. Knoten **ARISND** ist der Arduino Uno Knoten, mit dem Zufallszahlen über den CAN-Bus gesendet werden. **ARCATCH** ist der Raspberry Pi Knoten, der diese Zahlen und Buchstaben empfängt und auf dem Bildschirm anzeigt.

Blockdiagramm und Schaltbild dieses Projekts sind die gleichen wie in Abbildung 9.1 und Abbildung 9.4. Doch sind die Knoten **RPISND** und **ARCATCH** umbenannt in **ARSND** und **RPICATCH**.

Knoten: ARSND - Auflistung des Programms

Abbildung 9.9 zeigt das Arduino Uno Programm. Dieses Programm erzeugt Zufallszahlen zwischen 1 und 100 und überträgt sie über den CAN-Bus.

```
/*----------------------------------------------------------
                      ARSND
                      =====

This program generates random numbers between 1 and 100 and
sends them over the CAN bus

Author: Dogan Ibrahim
File  : ARSND
Date  : December 2022
----------------------------------------------------------*/
#include <SPI.h>
#include <mcp2515.h>

#define CS 10
char RandomNumber;

struct can_frame MyMsg;
MCP2515 mcp2515(CS);                           // SPI CS

void setup()
{
  SPI.begin();
  mcp2515.reset();
  mcp2515.setBitrate(CAN_250KBPS, MCP_8MHZ);  // CAN bus config
  mcp2515.setNormalMode();                     // Normal mode
}

void loop()
{
  RandomNumber = random(1, 101);               // Random number
  MyMsg.can_id = 0x30;                         // CAN ID
```

```
    MyMsg.can_dlc = 1;                      // 1 byte
    MyMsg.data[0] = RandomNumber;           // Number in data[0]
    mcp2515.sendMessage(&MyMsg);            // Send message
    delay(2000);                            // Wait 2 secs
}
```

Abbildung 9.9: Programm: ***ARSND***

Der folgende Befehl wurde bei Raspberry Pi benutzt, um die Zahlen zu lesen und anzuzeigen (bevor Sie diesen Befehl eingeben, muss unbedingt die Bitrate festgelegt werden):

pi@raspberrypi:~ $ candump can0

Wie in Abbildung 9.10 zu sehen ist, zeigt das Programm den Gerätenamen (can0), die CAN-Bus ID, die Anzahl der empfangenen Bytes und die empfangenen Daten an. Der Befehl **candump** hat viele Optionen, die aufgelistet werden können, indem man einfach **candump** am Terminal eingibt (Abbildung 9.11).

```
pi@raspberrypi:~ $ candump can0
  can0  030   [1]  43
  can0  030   [1]  11
  can0  030   [1]  26
  can0  030   [1]  27
  can0  030   [1]  2D
  can0  030   [1]  02
  can0  030   [1]  62
  can0  030   [1]  48
  can0  030   [1]  1D
  can0  030   [1]  26
  can0  030   [1]  3B
  can0  030   [1]  4E
```

Abbildung 9.10: Über den CAN-Bus empfangene Daten

```
pi@raspberrypi:~ $ candump
candump - dump CAN bus traffic.

Usage: candump [options] <CAN interface>+
  (use CTRL-C to terminate candump)

Options:
         -t <type>   (timestamp: (a)bsolute/(d)elta/(z)ero/(A)bsolute w date)
         -H          (read hardware timestamps instead of system timestamps)
         -c          (increment color mode level)
         -i          (binary output - may exceed 80 chars/line)
         -a          (enable additional ASCII output)
         -S          (swap byte order in printed CAN data[] - marked with '`' )
         -s <level>  (silent mode - 0: off (default) 1: animation 2: silent)
         -l          (log CAN-frames into file. Sets '-s 2' by default)
         -L          (use log file format on stdout)
         -n <count>  (terminate after reception of <count> CAN frames)
         -r <size>   (set socket receive buffer to <size>)
         -D          (Don't exit if a "detected" can device goes down.
         -d          (monitor dropped CAN frames)
         -e          (dump CAN error frames in human-readable format)
         -x          (print extra message infos, rx/tx brs esi)
         -T <msecs>  (terminate after <msecs> without any reception)
```

Abbildung 9.11: ***candump*** *Optionen*

Durch Eingabe des Befehls **ifconfig** können CAN-Bus Statistiken angezeigt werden (Abbildung 9.12).

```
pi@raspberrypi:~ $ ifconfig
can0: flags=193<UP,RUNNING,NOARP>  mtu 16
        unspec 00-00-00-00-00-00-00-00-00-00-00-00-00-00-00-00  txqueuelen 10
UNSPEC)
        RX packets 327  bytes 310 (310.0 B)
        RX errors 0  dropped 17  overruns 0  frame 0
        TX packets 1  bytes 4294967295 (3.9 GiB)
        TX errors 0  dropped 0 overruns 0  carrier 0  collisions 0
```

Abbildung 9.12: Anzeige von CAN-Bus Statistiken

9.4 Projekt 13: Steuerung der an Arduino Uno angeschlossenen LEDs

Beschreibung: In diesem Projekt gibt es zwei Knoten: **ARLEDS** und **RPILED**. **ARLEDS** ist der Arduino Uno Knoten, an den zwei LEDs angeschlossen sind. Knoten **RPILED** sendet Befehle über den CAN-Bus, mit denen die LEDs eingeschaltet werden. Eine eingeschaltete LED leuchtet für die Dauer von 3 s.

Bockdiagramm: In Abbildung 9.13 ist das Blockdiagramm dieses Projekts dargestellt.

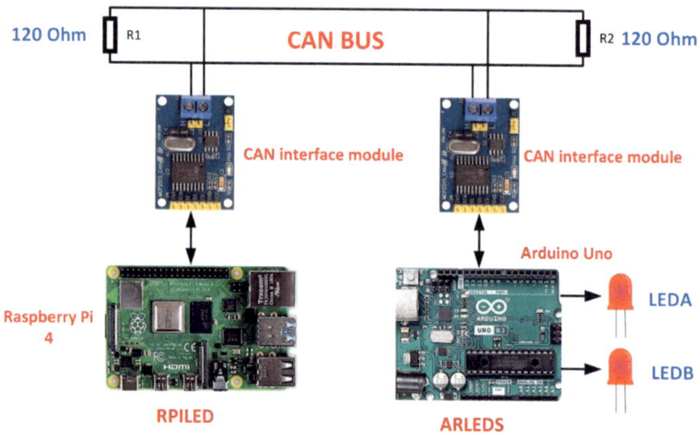

Abbildung 9.13: Blockdiagramm des Projekts

Schaltbild: Das Schaltbild ist in Abbildung 9.14 abgebildet. **LEDA** ist an Port-Pin 2 und **LEDB** an Port-Pin 3 des Arduino Uno von Knoten **ARLED** angeschlossen.

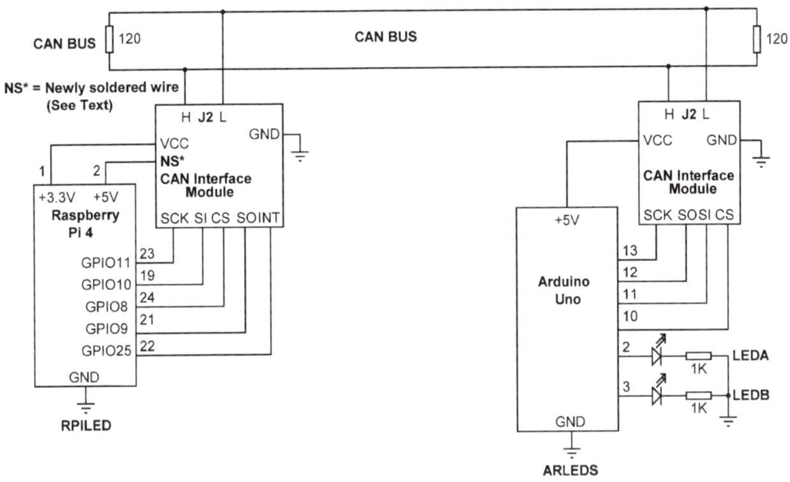

Abbildung 9.14: Schaltbild des Projekts

Knoten: RPILED Befehle (vor Eingabe der folgenden Befehle unbedingt die Bitrate festlegen):

Um **LEDA** einzuschalten, den Befehl **pi@raspberrypi:~ $ cansend can0 100#41** eingeben.

Um **LEDB** einzuschalten, den Befehl **pi@raspberrypi:~ $ cansend can0 100#42** eingeben.

Knoten: ARLEDS - Auflistung des Programms

Abbildung 9.15 stellt die Programmliste (Programm: **ARLEDS**) dar. Die CAN-Bus Bitrate ist auf 250 bit/s eingestellt. Innerhalb der Hauptprogrammschleife prüft das Programm, ob auf dem CAN-Bus eine Nachricht vorhanden ist. Lautet die Nachricht **A**, wird **LEDA** für 3 s eingeschaltet; lautet die Nachricht **B**, wird **LEDB** für 3 s eingeschaltet

```
/*----------------------------------------------------------
                        ARLEDS
                        =====

This program receives messages over the CAN bus and
controls 2 LEDS at ports 2 and 3

Author: Dogan Ibrahim
File  : ARLEDS
Date  : December 2022
----------------------------------------------------------*/
#include <SPI.h>
#include <mcp2515.h>
```

```
#define CS 10
int LEDA = 2;
int LEDB = 3;
char resp;

struct can_frame MyMsg;
MCP2515 mcp2515(CS);                          // SPI CS

void setup()
{
  mcp2515.reset();
  mcp2515.setBitrate(CAN_250KBPS, MCP_8MHZ);  // CAN bus config
  mcp2515.setNormalMode();                    // Normal mode
  pinMode(LEDA, OUTPUT);
  pinMode(LEDB, OUTPUT);
  digitalWrite(LEDA, 0);
  digitalWrite(LEDB, 0);
}

void loop()
{
  if(mcp2515.readMessage(&MyMsg) == MCP2515::ERROR_OK)
  {
    resp = MyMsg.data[0];
    if(resp == 'A')
    {
      digitalWrite(LEDA, 1);
      delay(3000);
      digitalWrite(LEDA, 0);
    }

    if(resp == 'B')
    {
      digitalWrite(LEDB, 1);
      delay(3000);
      digitalWrite(LEDB, 0);
    }
  }
}
```

Abbildung 9.15: Programm: **ARLEDS**

9.5 Verwendung von Python für CAN-Bus Programme

In vielen Anwendungen möchte man durch die Erstellung von Python-Programmen Zugriff auf den CAN-Bus haben. Vorher muss man jedoch durch Eingabe des folgenden Befehls die CAN-Bus Python-Library installieren (im Internet ist ein hervorragender Artikel mit dem Titel ***python-can Release 4.1.0*** vorhanden, der alle Einzelheiten über die Python-CAN Schnittstelle enthält):

```
pi@raspberrypi:~ $ pip3 install python-can
```

Dann kann die CAN-Bus Library importiert werden mit dem Befehl:

```
import can
```

Nachstehend sehen Sie ein Beispiel, bei dem die Datenbytes 1, 2, 3, 4, A mit 250 kbit/s über den CAN-Bus übertragen werden:

```
>>> import can
>>> bus=can.interface.Bus(bustype='sockencan',channel='can0',
bitrate=250000)
>>> msg=can.Message(arbitration_id=100,data=[0x31,0x32,0x33,0x34,0x41],
is_extended__id=False)
>>> bus.send(msg)
>>>
```

Ein Empfänger auf dem CAN-Bus erhält nun die folgenden Datenbytes:**1234A**.

Eine Nachricht kann auch folgendermaßen durch Verwendung von Bytes oder Listen erstellt werden:

```
>>> tst = bytearray(b'Testing')
>>>msg=can.Message(arbitration_id=100,data=tst,is_extended_id=False)
>>> bus.send(msg)
>>>
```

Die obigen Statements senden Bytes **Testing** über den CAN-Bus. Abrufen können Sie die Nachrichtengröße mit dem Statement:

```
>>> msg.dlc
7
```

Um eine einzelne Nachricht auf dem Bus zu lesen, dient das Statement:

```
>>> message = bus.recv()
```

Das obige Statement hat eine blockierende Wirkung und wartet, bis eine Nachricht auf dem Bus vorhanden ist. Um die Blockierung aufzuheben, dient das Statement:

```
>>> message = bus.recv(2.0)          # 2 seconds timeout
```

Falls keine Nachricht empfangen wird, können Sie anzeigen:

```
If message is None:
        print(No message received, timeout")
```

9.6 Projekt 14: Steuerung der LEDs mit Drucktasten

Beschreibung: In diesem Projekt gibt es zwei Knoten: **RPIBUTTONS** und **ARLEDS. RPI-BUTTONS**. ist der Raspberry Pi Knoten, auf dem zwei Drucktasten mit den Bezeichnungen **BUTTONA** und **BUTTONB** vorhanden sind. Durch Drücken der Taste **BUTTONA** wird das Zeichen **A** über den CAN-Bus geschickt, und mit Taste **BUTTONB** wird **B** über den Bus geschickt. Knoten **ARLEDS** ist gleich wie im vorherigen Projekt und schaltet die **LEDA** für 3 s ein, wenn **BUTTONA** gedrückt wird bzw. die **LEDB**, wenn **BUTTONB** betätigt wird.

Bockdiagr¥amm: In Abbildung 9.16 ist das Blockdiagramm dieses Projekts dargestellt.

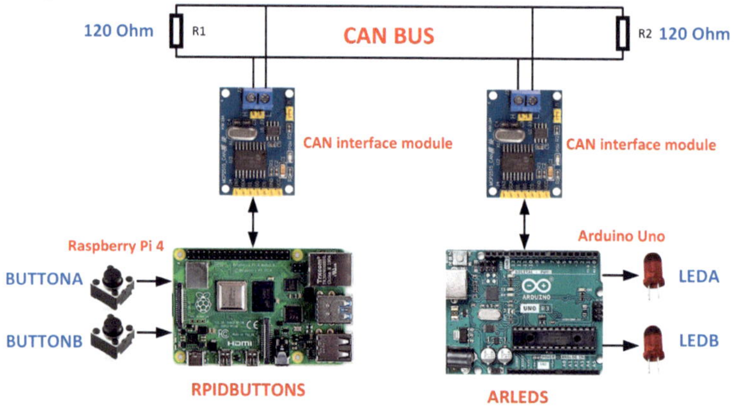

Abbildung 9.16: Blockdiagramm des Projekts

Schaltbild: Das Schaltbild ist in Abbildung 9.17 abgebildet. Die LEDs sind an die Pins 2 und 3 des Arduino Uno Ports angeschlossen.

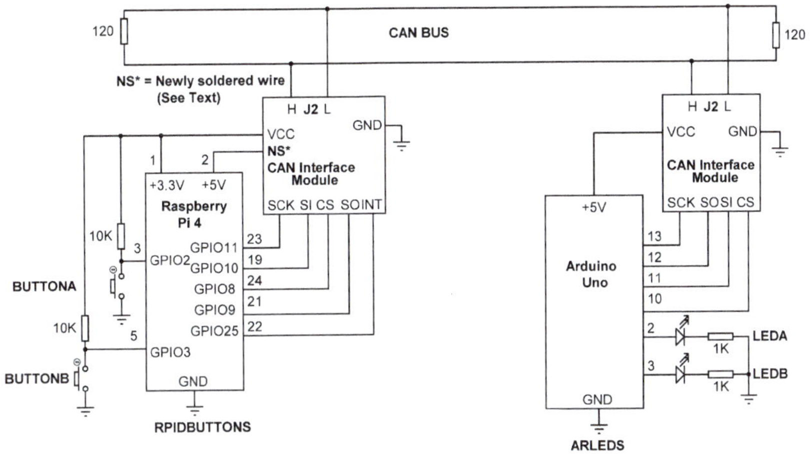

Abbildung 9.17: Schaltbild des Projekts

Knoten: ARLEDS - Auflistung des Programms: Das Arduino Uno Programm (Programm: **ARLEDS**) ist das gleiche wie in Abbildung 9.15.

Knoten: RPIBUTTONS - Auflistung des Programms:
Abbildung 9.18 stellt die Programmliste (Programm: **RPIBUTTONS.py**) dar. Am Anfang des Programms werden die Module **can** und **time** in das Programm importiert. **BUTTONA** und **BUTTONB** sind als Eingänge konfiguriert. Mit Drücken von **BUTTONA** wird die Variable **stat** auf **A** gestellt. Wird hingegen **BUTTONB** gedrückt, wird **stat** auf **B** gesetzt. Dann sendet das Programm **stat** über den CAN-Bus. Dieser Vorgang wiederholt sich so langen, bis er vom Anwender gestoppt wird.

```
#=========================================================
#                    RPIBUTTONS
#                     ----------
#
# This program reads the state of two buttons named BUTTONA
# and BUTTONB. Pressing BUTTONA sends character A over the
# cab bus. Similarly, pressing BUTTONB sends character B over
# the CAN bus
#
# Author: Dogan Ibrahim
# File  : RPIBUTTONS.py
# Date  : December 2022
#===========================================================
import RPi.GPIO as GPIO
GPIO.setwarnings(False)
GPIO.setmode(GPIO.BCM)

import can                             # Import can
import time                            # Import time
```

```
BUTTONA = 2                             # BUTTONA on port 2
BUTTONB = 3                             # BUTTONB on port 3

GPIO.setup(BUTTONA, GPIO.IN)            # Input
GPIO.setup(BUTTONB, GPIO.IN)            # Input

bus=can.interface.Bus(bustype='socketcan',channel='can0',bitrate=250000)

flag = 0
while True:
   if GPIO.input(BUTTONA) == 0:         # BUTTONA pressed?
      while GPIO.input(BUTTONA) == 0:   # BUTTONA released?
         pass
      stat = bytearray(b'A')            # To send A
      flag = 1

   if GPIO.input(BUTTONB) == 0:         # BUTTONB pressed?
      while GPIO.input(BUTTONB) == 0:   # BUTTONB released
         pass
      stat = bytearray(b'B')            # To send B
      flag = 1
#
# If a button is pressed then flag=1 and send msg to CAN bus
#
   if flag == 1:
      flag = 0
      msg = can.Message(arbitration_id=100, data=stat, is_extended_id=False)
      bus.send(msg)
      time.sleep(1)
```

Abbildung 9.18: Programm: **RPIBUTTONS.py**

Test des Projekts: Bauen Sie die Schaltung gemäß Abbildung 9.17 auf. Legen Sie sowohl Arduino Uno als auch Raspberry Pi an Spannung. Stellen Sie sicher, dass die Bitrate auf 250 bit/s eingestellt ist. Drücken Sie **BUTTONA**, und die **LEDA** sollte für 3 s eingeschaltet werden. Bei Betätigung von **BUTTONB** leuchtet **LEDB** 3 s lang.

9.7 Projekt 15: CAN-Bus mit 3 Knoten: Steuerung der LEDs auf den Knoten Raspberry Pi und Arduino Uno

Beschreibung: In diesem Projekt gibt es drei Knoten: **ARDBUTTONS**, **RPILEDA** und **ARDLEDB.** Die Knoten **ARDBUTTONS** und **ARDLEDB** sind Arduino Uno Knoten. **RPILEDA** ist ein Raspberry Pi Knoten. Es gibt 2 Drucktasten mit den Bezeichnungen **BUTTONA** und **BUTTONB**, die an Knoten **ARDBUTTONS** angeschlossen sind. Durch Drücken der Taste **BUTTONA** wird **LEDA** auf dem Raspberry Pi Knoten **RPILEDA** eingeschaltet; mit **BUTTONB** wird **LEDB** auf dem Arduino Knoten **ARDLEDB** eingeschaltet.

Bockdiagramm: In Abbildung 9.19 ist das Blockdiagramm dieses Projekts dargestellt.

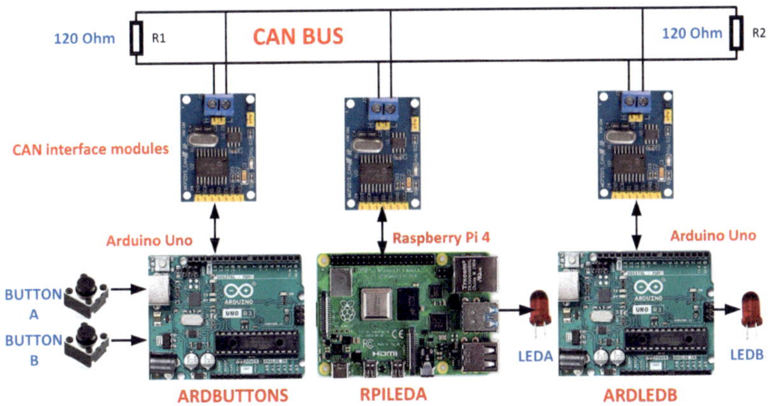

Abbildung 9.19: Blockdiagramm des Projekts

Schaltbild: Das Schaltbild des Projekts ist in Abbildung 9.20 abgebildet. **BUTTONA** und **BUTTONB** sind an den Port-Pins 2 und 3 des Knotens **ARDBUTTONS** angeschlossen. **LEDA** ist an Port-Pin GPIO2 von Raspberry Pi angeschlossen, während **LEDB** mit Port-Pin 2 des Knotens **ARDLEDB** verbunden ist.

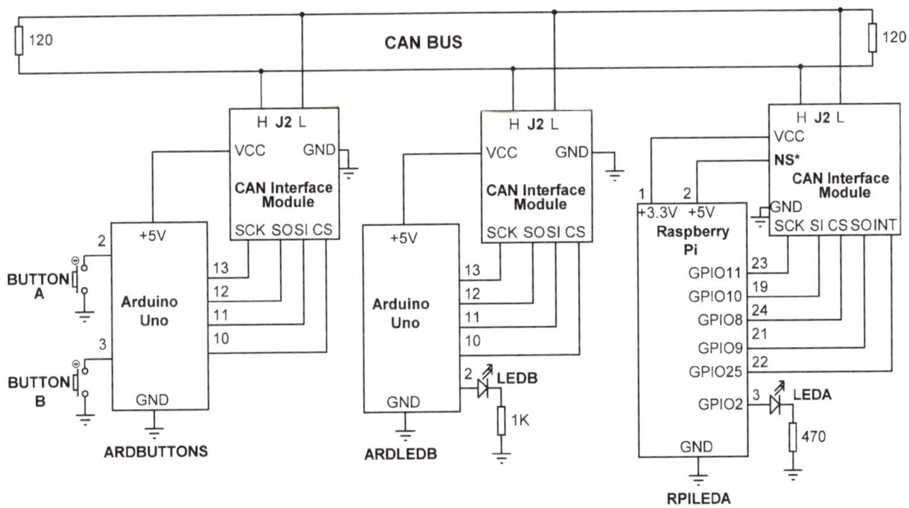

Abbildung 9.20: Schaltbild des Projekts

Knoten: ARDBUTTONS - Auflistung des Programms:

Abbildung 9.21 stellt die Programmliste (Programm: **ARDBUTTONS**) dar. **BUTTONA** und **BUTTONB** sind den Port-Pins 2 und 3 zugeordnet und als Eingänge mit den internen Pullup-Widerständen konfiguriert. Die Tasten haben somit Logikpegel High, wenn sie nicht gedrückt sind. Innerhalb der Funktion **setup()** wird der CAN-Bus auf 250 bit/s eingestellt. Innerhalb der Hauptprogrammschleife prüft das Programm, ob eine Taste gedrückt ist. Ist

BUTTONA gedrückt, wird die Nachricht auf 1 gesetzt und die CAN-ID auf 0x50 gestellt. Ist **BUTTONB** gedrückt, wird die Nachricht auf 2 gesetzt und die CAN-ID auf 0x60 gestellt. Die Nachricht wird dann über den CAN-Bus geschickt.

```
/*-------------------------------------------------------------
                      ARDBUTTONS
                      ==========

Two buttons are connected to this node. Pressing button BUTTO
sends a request over the CAN bus to turn ON LEDA. Similarly,
pressing BUTTONB sends a request to turn ON LEDB

Author: Dogan Ibrahim
File  : ARDBUTTONS
Date  : December 2022
---------------------------------------------------------------*/
#include <SPI.h>
#include <mcp2515.h>

#define CS 10
int ReceivedMessage;
int BUTTONA = 2;                                       // R button
int BUTTONB = 3;                                       // G button
int T, ID, flag = 0;

struct can_frame MyMsg;
MCP2515 mcp2515(CS);

void setup()
{
  SPI.begin();
  mcp2515.reset();
  mcp2515.setBitrate(CAN_250KBPS, MCP_8MHZ);         // Config CAN bus
  mcp2515.setNormalMode();                            // Normal mode
  pinMode(BUTTONA, INPUT_PULLUP);                     // BUTTONA is input
  pinMode(BUTTONB, INPUT_PULLUP);                     // BUTTONB is input
}

void loop()
{
  if(digitalRead(BUTTONA) == 0)                       // BUTTONA pressed
  {
    while(digitalRead(BUTTONA) == 0);
    MyMsg.data[0] = 1;
    MyMsg.can_id = 0x50;                              // ID = 0x50
    flag = 1;
```

```
  }

  if(digitalRead(BUTTONB) == 0)                  // BUTTONB pressed
  {
    while(digitalRead(BUTTONB) == 0);
    MyMsg.data[0] = 2;
    MyMsg.can_id = 0x60;                         // ID = 0x60
    flag = 1;
  }

  if(flag == 1)                                  // If any button pressed
  {
    flag = 0;
    MyMsg.can_dlc = 1;                           // 1 bytes
    mcp2515.sendMessage(&MyMsg);                 // Send message
  }
}
```

Abbildung 9.21: Programm: **ARDBUTTONS**

Knoten: ARDLEDB - Auflistung des Programms:
Abbildung 9.22 stellt die Arduino Uno Programmliste (Programm: **ARDLEDB**) dar. Die LED ist an Port-Pin 2 angeschlossen und als Ausgang konfiguriert. Wenn über den CAN-Bus eine Nachricht empfangen wird, werden die CAN ID und die Nachricht überprüft. Sind die CAN ID 0x50 und die Nachricht 1, wird angenommen, dass die Nachricht für diesen Knoten bestimmt ist, und die LED wird für die Dauer von 3 s eingeschaltet.

```
/*---------------------------------------------------------
                     ARDLEDB
                     =======

This program receives messages over the CAN bus and
controls the LED connected to port pin 2

Author: Dogan Ibrahim
File  : ARDLEDB
Date  : December 2022
---------------------------------------------------------*/
#include <SPI.h>
#include <mcp2515.h>

#define CS 10
int LED = 2;
char resp;

struct can_frame MyMsg;
```

```
MCP2515 mcp2515(CS);                          // SPI CS

void setup()
{
  mcp2515.reset();
  mcp2515.setBitrate(CAN_250KBPS, MCP_8MHZ);  // CAN bus config
  mcp2515.setNormalMode();                    // Normal mode
  pinMode(LED, OUTPUT);
  digitalWrite(LED, 0);
}

void loop()
{
  if(mcp2515.readMessage(&MyMsg) == MCP2515::ERROR_OK)
  {
    resp = MyMsg.data[0];
    if(MyMsg.can_id == 0x50 && resp == 1)
    {
      digitalWrite(LED, 1);
      delay(3000);
      digitalWrite(LED, 0);
    }
  }
}
```

Abbildung 9.22: Programm: **ARDLEDB**

Knoten: RPILEDA - Auflistung des Programms:
Abbildung 9.23 stellt die Raspberry Pi Programmliste (Programm: **RPILEDA**) dar. Zu Beginn des Programms wird **LEDA** dem Port GPIO2 zugeordnet und als Ausgang konfiguriert. Das CAN-Bus Filter wird dann auf 0x60 und die Maske auf 0xFF gesetzt, so dass von diesem Knoten nur Nachrichten mit 0x60 akzeptiert werden. Eine akzeptierte Nachricht wird dann geprüft, ob sie 2 lautet. Ist dies der Fall, wird die LED für 3 s eingeschaltet.

```
#========================================================
#                   RPILEDA
#                    -------
#
# This program gets data over the CAN bus and controls an
# LED connected to port GPIO2. The LED is turned ON 3 secs
#
# Author: Dogan Ibrahim
# File  : RPILEDA.py
# Date  : December 2022
#==========================================================
import RPi.GPIO as GPIO
```

```
GPIO.setwarnings(False)
GPIO.setmode(GPIO.BCM)

import can                                      # Import can
import time                                     # Import time

LEDA = 2                                        # LEDA on port 2
GPIO.setup(LEDA, GPIO.OUT)                      # LED is output
GPIO.output(LEDA, 0)                            # LED OFF

bus=can.interface.Bus(bustype='socketcan',channel='can0',bitrate=250000)

#
# Set ID to 0x60 and filter to 0xFF
#
filters=[{"can_id":0x60,  "can_mask": 0xFF, "extended":False}]

while True:
      dat = bus.recv()                          # Receive data
      if dat.data == bytearray(b'\x02'):        # Data = 2?
         GPIO.output(LEDA, 1)                   # LEDA ON
         time.sleep(3)                          # 3 secs
         GPIO.output(LEDA, 0)                   # LEDA OFF
```

Abbildung 9.23: Programm: **RPILEDA**

Test des Projekts: Bauen Sie die Schaltung gemäß Abbildung 9.20 auf und versorgen Sie die zwei Arduino Unos und auch Raspberry Pi mit Spannung. Stellen Sie sicher, dass die Bitrate auf 250 bit/s eingestellt ist. Drücken Sie **BUTTONA**, und **LEDA** sollte am Knoten **RPILEDA** für 3 s eingeschaltet werden. Bei Betätigung von **BUTTONB** leuchtet **LEDB** am Knoten **ARDLEDB** 3 s lang.

Anhang

Elektronische Bauteile, die bei diesen Projekten verwendet werden

Um die in diesem Buch beschrieben Projekte durchführen zu können, werden die folgenden elektronischen Bauteile benötigt:

- 2x LM35DZ Temperaturfühler-Chip
- 1x RGB-LED
- 1x DHT11 Temperatur- und Feuchtigkeitssensor
- 1x I²C LCD
- 1x aktiver Summer
- 3x Drucktasten
- 3x 1 kΩ Widerstand
- 2x 120 Ω Widerstand
- 3x Arduino Uno Platine
- 3x CAN-Bus Schnittstellenmodul
- Schaltdraht für Buchse/Stift-Lochplatine
- CAN-Bus Leitung
- Kurze CAN-Bus Schnittstellen-Leitungen

Zusätzlich werden benötigt:

- 3x Arduino Uno mit USB-Kabeln
- 1 Raspberry Pi mit Netzteil

Index

Symbolen

11 Bit Identifier 38
29 Bit Identifier 38

A

abgeschirmte Kabel 27
abgeschirmtes verdrilltes Paar 33
Abschlusswiderstand 20
ACK-Fehler 121
ACK-Feld 44, 120
aktive Error Flags 46
Akzeptanzfilter 37, 42, 65
Akzeptanz-Masken 57
Arbitrierung 32
Arbitrierungsfeld 40
Arbitrierungsphase 40
attachInterrupt() 75

B

Baudraten 64
Bitfehler 122
Bitrate 152
BitScope Logic 129
Bitstopfen 120
Bitstopffehler 121
Bus Off 123
Byteflight 12

C

CAN-Bus Analyzer 125
CAN-Bus Library 63
canbusload 141
CAN-Bus Python-Library 149
Can-Bus Sniffer 131
CAN-Bus-Tester 128
can_dlc 66
CANdo 126
CAN D-Stecker 33
candump 141
CANframe 65
cangen 141
CAN_HI 19
CAN-ID 107
CANINTF 75
CAN_LO 19
CAN-Netzwerk 19
CANopen 23
canplayer 141
CAN-Protokolle 19
CAN-Repeater 36
cansend 141
CAN-Transceiver 20
CAN-utils 141
Chip Select 63
Clock Speed 64
Control Logik 57
CRC 43
CRC-Fehler 122
CRC-Feld 43
CRC-Sequenz 43
CRC-Trennzeichen 43
CSMA/CR 15

D

Data Frame 38
Datenaustausch 16, 50
Datenfeld 43
DeviceNet 19
DHT11 94
dominant 30
dominanten Bits 120
Drucktaste 70

E

ECU 19
elektromagnetischer Strahlung 13, 22
Empfangsfehlerzähler 123
Empfangsfilter 65
Empfangsmasken 65
End of Data 16
End of Frame 39
EOF 39
Error Active 123
Error Delimiter 46
Error Passive 123
erweiterten Frames 48
erweiterte Protokoll 48

F

Fehlerbegrenzung 123
Fehlererkennung 121
Filter 58
Filter Masken 50
FlexRay 12, 13
Frame 16, 37
Frame-Fehler 122

G

gemeinsame Anode 89
gemeinsame Kathode 89

H

Hardware-Tools 135

I

I²C LCD 95
I²C LCD-Feld 94
IDE-Bit 42
ifconfig 141
Intellibus 12, 14
Inter-Frame 39
Interframe Gap 45
Interrupt-Register 57
INT-Pin 69
ISO-11898 28
ISO11898 125

J

J1850 16
Jumper J3 62

K

Klassifikation 12
Kommunikationsgeschwindigkeit 37
Kontrollfeld 42

L

LAP-C Logikanalysator 130
Leitungskapazität 33
LIN-Bus 16
LM35DZ 78

M

MCP2515 55, 56
Message Assembly Buffer 58
message identifier 37
MI-Bus 16
Mikrocontrollerkreis 58
MOST 13
Multimaster 15, 37, 50

N

Network Interface Controller 14

O

On Board Diagnostic 16
Open-Collector 32
Open-Drain 32
Overload Delimiter 47
Overload Flag 47
Overload Frame 47

P

Packet 37
passive Error Flags 46
PCAN Explorer 127
PCF8574 95
PDL 112
Pullup-Widerstand 71, 116
PWM 16

R

Receive Error Counter REC 123
Remote Frame 45
Remote Transmit Request 37
rezessiv 30, 120
rezessive Bit 31, 44
rezessive Zustand 30
RGB 88
RJ10 34
RJ45 34
Robert Bosch 14
RTR 37
RTR-Feld 42
RX0BF 58
RX1BF 58
RX01F 75
RXB0 58
RXB1 58
RXnIF 75

S

SAE J1939 128
Schraubklemme J2 62
SCL 95
SDA 95
Sendefehlerzähler 123
Serial Monitor 61, 81
Serial Peripheral Interface 58
Shielded Twisted-Pair 33
SN65HVD230 139
SOF 40
Spannungspegel CAN_H 31
Spannungsteiler 138
SPI CS-Pin 63
Split-Abschluss 26
split termination 25
Standardabschluss 25
Start of Frame 40
Stichleitungen 29
Strombegrenzungswiderstand 70
Summer 77

T

Taktfrequenz 64
TCP/IP 37
Temperatur-Abfrage 81
TJA1050 138
Transmit Error Counter 123
T-Stecker 20

U

Umgebungstemperatur 81
Unshielded Twisted-Pair 33

V

Variable Puffergröße 128
VPW 16

W

Wired AND 32

Y

Youmile MCP2515 55

Z

zweiadriger Bus 21